国家大剧院工程
戏剧院结构工程综合施工技术

赵光明 李洪毅 主编

中国建筑工业出版社

图书在版编目（CIP）数据

国家大剧院工程戏剧院结构工程综合施工技术/赵光明，李洪毅主编．—北京：中国建筑工业出版社，2003
ISBN 7-112-06060-5

Ⅰ．国… Ⅱ．①赵…②李… Ⅲ．剧院—建筑工程—施工技术-文集 Ⅳ．TU745.5-53

中国版本图书馆 CIP 数据核字（2003）第 091446 号

本书结合北京城建集团一公司在国家大剧院工程戏剧院部分结构的施工实践，综合介绍了代表当代及未来建筑施工发展方向的各项施工新技术与新工艺，文字浅显易懂，实用价值高。

本书可作为建筑工程施工管理人员和技术人员的参考书。

* * *

责任编辑：郭洪兰
责任设计：孙　梅
责任校对：王　莉

国家大剧院工程
戏剧院结构工程综合施工技术

赵光明　李洪毅　主编

*

中国建筑工业出版社出版、发行（北京西郊百万庄）
新　华　书　店　经　销
北京建筑工业印刷厂印刷

*

开本：850×1168 毫米　1/32　印张：3⅜　插页：4　字数：100 千字
2003 年 12 月第一版　2003 年 12 月第一次印刷
印数：1—3,000 册　　定价：**12.00** 元
ISBN 7-112-06060-5
TU·5328（12073）

版权所有　翻印必究
如有印装质量问题，可寄本社退换
（邮政编码 100037）
本社网址：http://www.china-abp.com.cn
网上书店：http://www.china-building.com.cn

国家大剧院鸟瞰图

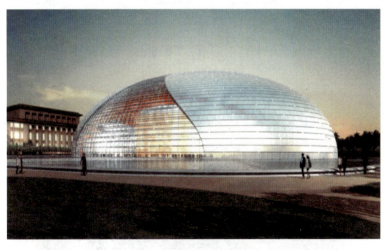

国家大剧院夜景（效果图）

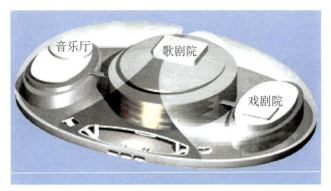

国家大剧院模型(效果图)

国家大剧院施工现场

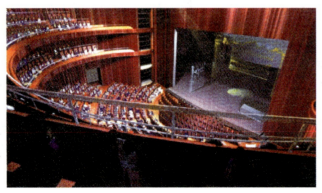

戏剧院效果图

台仓底板钢筋

顶板钢筋

暗柱节点

SJ止水条安装

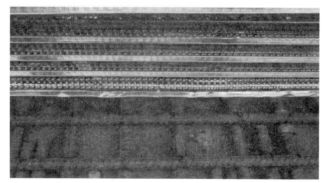

快易收口网

后浇带

劲性柱钢筋定位

钢管柱定位

劲性柱安装

钢管柱焊接

可调模板组装　　　　　可调模板半成品

木梁可调模板

钢背肋可调模板

外墙单侧支架

外墙单侧挂架

圆柱玻璃钢模板

弧形木模板

组合钢模板

木制角模

弧形墙体

屋盖顶板

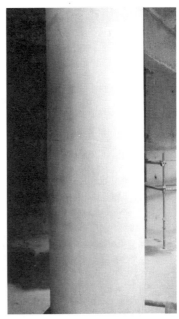

劲性混凝土柱

戏剧院外观结构

形式各异的楼梯

预埋件安装

Halfen 槽埋件

有粘结预应力梁施工

预应力张拉

专家指导

"长城杯"检查

现场严格把关

国家大剧院工程
戏剧院结构工程综合施工技术
编委会

顾　　问： 杨嗣信　余　波　侯君伟　吴　琏
　　　　　　杨晓城　魏　越　代新志
主　　编： 赵光明　李洪毅
副 主 编： 李春雨　高文光
执笔人员：（按姓氏笔画为序）
　　　　　　丁学良　王永娟　冯　鹍　卢金秋
　　　　　　孙国明　李振华　李春雨　李洪毅
　　　　　　杜光全　宋德周　张　怡　张胜利
　　　　　　赵惠芬　高文光

前 言

国家大剧院工程是我国面向 21 世纪投资兴建的大型现代化文化设施，是国家的表演艺术中心。该项工程建设单位是由建设部、文化部、北京市共同组成的业主委员会；设计单位是法国巴黎机场公司，北京市建筑设计研究院参与主体结构工程设计；施工总承包单位为北京城建—香港建设—上海建工组成的总承包联合体；监理单位是北京双圆工程咨询监理有限公司。

本工程由椭圆穹形结构的主体建筑（202 区）及南北两侧（201、203 区）的地下通道、车库及其他附属配套设施组成，总建筑面积 14.95 万 m^2。其中 202 区中心主体建筑由外部围护结构和歌剧院（2416 席）、音乐厅（2017 席）和戏剧院（1040 席）、公共大厅及配套用房组成。北京城建—建设工程有限公司主要承担戏剧院及部分附属工程 203 区施工。该部分工程为现浇框架-剪力墙结构，箱形基础，属深基础、高凌空、大跨度、大断面、变曲线、高精度预埋结构。其特点主要表现在以下几方面：

1. 基础深。戏剧院的基础埋深处于地下承压水范围，从而给基坑挡土支护施工和地下室防水施工带来一定难度。

2. 结构复杂，曲线类型多。戏剧院的标高层多、凌空高度高，层高不等，舞台屋盖最大凌空高度达 46.7m；在竖向结构中，弧线形墙体约占 70% 以上。因此，在施工测量中如何针对曲线类型多、通视条件差的实际情况，作好总体控制、复杂平面曲线的测量控制，作好曲线结构的施工放样和数据计算，是确保该项工程质量的关键；另外，针对弧线型墙体多、变曲线的情况，选用何种模板，既能做到曲率可调，又能进行整体装拆，达到优质、合理、低价的目的，这是墙体施工的关键。

3. 大断面、大跨度构件多。戏剧院箱基底板大体积混凝土施工，如何在施工中控制混凝土的温度应力，防止裂缝的产生，是确保构件质量的重点；另外，舞台屋盖预应力混凝土大梁跨度大，因此，妥善处理好现浇大跨度有粘结预应力混凝土的施工，也是确保本项工程质量的关键。

4. 其他。如针对工程变曲率异形结构多的特点，如何进行钢筋工程的精确翻样和下料问题；粗钢筋的连接和绑扎定位问题；钢管混凝土柱采用高强混凝土施工问题；双曲面螺旋楼梯施工问题；舞台板底、梁底和墙面高精度预埋件施工问题等，均给施工带来一定的难度。

根据以上情况，我们在施工中始终遵循"科学技术是第一生产力"的原则，积极采用新材料、新工艺、新设备，认真强化管理设施，实现优质、高效，顺利地完成了结构施工任务。如：

在施工测量中，对非常规结构构件采用 GPS 进行控制的随机布设，使一步点定即可确保点位精度，既克服了不可通视带来的困扰，又可免除控制点间联测等工作；在曲线结构的施工放样和数据计算中，引用了计算机技术，使工效比手工计算提高近一倍。

在基础施工中，深基坑采用了地下连续墙施工技术，既可挡土支护，又可挡水；箱基底板采用掺入适量短切纤维丝的措施，以增强混凝土的抗裂性能；在后浇带接缝处敷设快易收口网，从而解决了后浇带施工缝表面处理难的问题；地下室外墙施工缝防水措施，采用了比利时 DENEEF 公司生产的缓膨胀 SJ 止水条；地下连续墙以上部分外墙防水增设水泥基渗透型材料——赛柏斯涂层。

在钢筋工程中，采用计算机和 AutoCAD 软件作主要工具，对钢筋进行精确翻样，保证了下料尺寸的准确；粗钢筋连接等强滚压直螺纹连接新技术，并改进了滚压设备，消除了加工过程中不完整丝扣；同时，还引用了钢筋等强剥肋滚压直螺纹连接新技术，使连接速度提高近一倍；钢筋绑扎也采用了多种"钢筋定位"措施，确保了钢筋位置的准确。

在模板工程中，竖向结构采用了可调曲线模板（德国 PERI、NOE 模板体系），并对原有模板背肋、调节支座等进行了优化改进，使模板的安装和调节更为灵活方便，在北京市两次结构"长城杯"检查中，模板和混凝土分项均被评为"精"。

在钢管混凝土施工中，由于认真做好 C60、C80 高强混凝土的配制工作，强化现场施工管理，从而按质、按量地完成了在钢管混凝土的浇筑工作。

在舞台梁、板底面和墙面预埋件施工中，由于认真采取了有效措施，确保德国 SBS 公司对"Halfen 槽"埋件在位置、标高、倾斜度、平行度等方面的控制要求，合格率达到 95% 以上。

编写本书的目的，在于总结经验、交流经验、互学共勉，有错误或不妥之处，还希望广大同行提出宝贵意见。

在此，谨向本编委会各位专家顾问对本书所提宝贵意见表示衷心感谢！

编　者

2003 年 8 月

目 录

前言

国家大剧院戏剧院工程概况 …………………………………… 1

曲线可调模板的应用研究 ……………………………………… 3

地下室外墙模板施工技术 ……………………………………… 8

扇形曲面观众席施工技术 ……………………………………… 14

双曲面螺旋楼梯施工技术 ……………………………………… 19

国家大剧院（戏剧院）工程施工测量技术 …………………… 23

箱基底板大体积混凝土施工技术 ……………………………… 37

高强混凝土施工技术的应用 …………………………………… 49

箱基回填施工技术 ……………………………………………… 53

地下室防水施工技术 …………………………………………… 59

钢筋绑扎与连接施工技术 ……………………………………… 64

钢管混凝土柱施工技术 ………………………………………… 73

H型钢劲性柱施工 ……………………………………………… 83

有粘结预应力梁施工技术 ……………………………………… 89

戏剧院舞台预埋件施工技术 …………………………………… 95

国家大剧院戏剧院工程概况

国家大剧院工程位于北京人民大会堂西侧，西长安街以南，是中国政府面向 21 世纪投资兴建的大型现代化文化设施，工程建成后，将成为国家最高表演艺术中心。本工程由椭圆穹形结构的主体建筑（202 区）及南北两侧（201、203 区）的地下通道、车库及其他附属配套设施组成，总占地面积 11.893hm^2，总建筑面积 149520m^2，总投资 26.8838 亿元，工程工期 4 年，于 2001 年 12 月 13 日正式开工，2004 年竣工交付使用。

本工程室内设计地坪标高 ±0.000 = 44.75 m，室外自然地坪标高为 46 m 左右。建筑外部围护结构为钢结构壳体，呈超椭球形，其平面投影为东西向长轴长度 212.20 m，南北向短轴长度为 143.64 m，建筑物总高度为 46.285 m。超椭球形屋面主要采用钛金属板饰面，中部为渐开式玻璃幕墙。椭球壳体外环绕人工湖，湖面面积达 35550m^2，各种通道和入口都设在水面以下。

戏剧院位于壳体正西侧，其北侧于 -12.5m 标高处与 201 区车库相连接，南侧与 203 区相接；东侧为歌剧院，由通道分隔。戏剧院建筑面积为 36000m^2，平面尺寸为 150m×65m（南北×东西），基础埋深为 -26m（局部 -29.1m），结构顶标高为 22.70m。

工程为现浇框架-剪力墙结构，箱形基础。结构箱基底板厚 4m，其中下板厚 1.0m，上板厚 0.6m，箱梁净高 2.4m。地下混凝土外墙为变宽度曲面空心格构形式，环墙厚度由 3.951～5.267m 渐变，其中外壁厚度为 1m，内壁及中隔墙厚 0.8m。结构顶板厚 0.2～1.6m 不等，以 0.3～0.4m 为主；结构墙厚 0.2～0.9m 不等，以 0.7m 和 0.4m 居多；曲线墙体曲率半径在

0.5～100m之间变化。

戏剧院地下有3个主要标高层，地上有7个主要标高层，层高2.11～9.42m不等。戏剧院舞台屋盖最大凌空高度46.7m，结构构件最大跨度19.65m，最大板厚1.6m，最大混凝土梁断面0.6m×3.0m，最大混凝土方柱断面0.9m×0.9m，最大混凝土圆柱断面为ϕ1m。地下结构设计为刚性混凝土自防水，防排结合，混凝土抗渗等级为P12～P20。

曲线可调模板的应用研究

1 概述

在国家大剧院工程中,为了满足剧场结构声学要求和视觉效果的功能,法国机场设计公司前卫的设计思想得到了充分的体现。流线型风格的特点表现为结构平、立面造型变化多样,竖向结构中,弧线形墙体占70%以上,曲率半径在0.5m～110m之间显著变化。

2 可调模板原理及构造

曲线墙体曲率变化显著,层与层之间结构造型差异较大。因而从经济角度来说,定型模板在本工程施工中显然无法与曲线可调模板相媲美。

2.1 原理

2.1.1 曲线可调模板是通过人工调节模板背肋上的可伸缩丝杆,改变模板表面的弧度,来实现其可调性能和周转使用。

2.1.2 可调曲线模板能实现曲率半径大于2.5m的任意变化曲线。

2.1.3 为适应曲线模板的曲面特点,模板边缘做L形连接角钢,实现模板间平口连接。同时也避免模板拼缝的错台和露浆。

2.2 模板体系构造

2.2.1 单元板模板:采用18mm厚双面覆膜多层板做面板、80mm×200mm"工"字竖向木梁做竖肋龙骨,面板通过60mm长自攻螺钉与"工"字木梁连接,形成可调模板的骨架。

2.2.2 调节机构:调节机构由调节支座和调节器组成。调节支座由双角钢呈背对加工而成，用螺栓与木梁加以固定。调节器为可伸缩调节丝杆，用钩头螺栓与调节支座连接（见图1）。

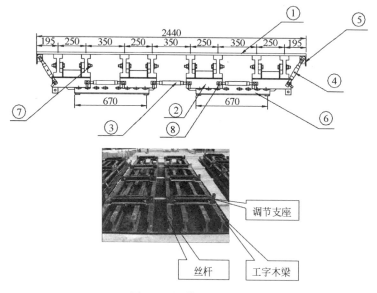

图1 可调模板构造图
①—面板；②—调节支座；③—调节器；④—调节器2；
⑤—边肋角钢；⑥—双槽钢横肋；⑦—连接螺栓；⑧—钩头螺栓

2.2.3 吊钩及支撑：吊钩利用 $\phi20$ 光圆钢筋加工而成，固定在木梁顶部。支撑为可调节三角支撑。

3 可调模板体系的应用

3.1 模板拼装

模板拼装是在施工现场将面板、工字木梁、调节支座、调节器及吊钩和边肋角钢等零部件按构造要求组拼成模板半成品的过程。模板拼装的质量直接关系到模板工程的质量和混凝土表面成型效果。拼装加工时要预控，做到控制板缝的大小、控制螺丝与板面的关系（用腻子填平丝头凹槽，优化混凝土成型效果）、边肋角钢与板面的关系、板面与工字木梁的关系和木梁本身接高的位置等。

3.2 模板弧度调节

模板弧度是通过调节可伸缩丝杆的长度，改变木梁之间的相对角度，使面板弯曲而形成的。由于调节丝杆的行程受到一定限制，所以在调节时，应根据弧度的不同更换不同型号的丝杆。

模板调节工序要在模板进入工作面之前必须完成，避免在工作面上调节，减少人为因素对板面弧度的影响。这一工序是曲线可调模板使用的最关键一步。由于调节器内部螺旋丝扣具有沿水平方向的自锁性，使得模板在调节完弧度进入作业面及操作过程中，板面弧度不会改变。

3.2.1 制作模具：根据图纸设计的曲线弧度，利用计算机做出 2.5m（一块标准板幅面为 2.44m）长范围内的弧度变化与直线的尺寸关系图（见图2）。用50mm厚的木板按照图示加工调节模具。但对于凸曲面制作模具时，模具半径 $r =$ 设计半径 $R -$ 218mm。

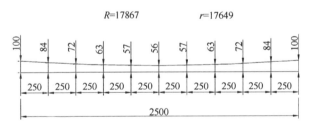

图2 弧形模具制作尺寸图

3.2.2 弧度调节：曲面分凸曲面和凹曲面两种。对于凸曲面的调节，模具放置在木梁上，通过旋转螺旋丝杆使之缩短，当木梁贴紧模具时，便形成了设计曲面。凹曲面的调节时，模具直接控制面板的弧度，使螺旋丝杆伸长，板面贴紧板面即可。调节过程中要注意，沿模板高度方向同时调节。

3.3 模板的检查

3.3.1 调好的模板进入现场作业面以后，对号入座，组拼成整体大模板。

3.3.2 用墙体的50cm定位控制线，间隔1m取点，量取控制线到板面的距离为482mm，对曲线模板的弧度进行二次复核。

3.3.3 墙体模板的垂直度应间隔3m取点，在模板顶部吊垂球，检验模板垂直度。

4 阴阳角节点的处理

在本剧院结构工程中，墙体节点阴阳角以非直角居多，且各流水段、各层角度不同。加工定型钢角模显然不能适应这种结构形式，利用率低，造价高。为了角模能与曲线模板配套使用，且能周转，设计采用了钢制活动角模。

活动角模由6mm厚钢板板面、100mm×63mm×6mm角钢背肋和φ14芯轴等配件组成。可调角度45°～135°之间变化。为使可调角模与可调曲线模板一起使用，角模与墙体模板的连接统一采用边肋角钢，边肋角钢螺栓孔大小及分布情况均保持一致（见图3、4）。

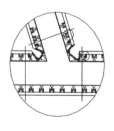
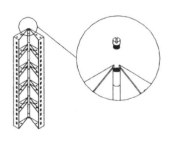

图3 活动角模与曲线模板连接　　图4 活动角模

5 关键控制点

5.1 可调模板弧度的调节应在进入作业面之前就要完成，避免工人在工作面上仅依据墙体50cm控制线进行调节，这样易造成墙体扭曲。

5.2 模板间接缝处的弧线变化应保持顺滑，加固时要有措施，防止模板接缝处胀模。

5.3 墙体穿墙螺栓的设置应尽量沿弧线的法线方向。

5.4 模板在施工过程中应减少雨淋，防止木梁遇水扭曲变形。

6 应用效果分析

6.1 木梁体系的改进

在木梁曲线可调模板体系应用的基础上，对其模板体系的背肋、调节支座等进行优化改进，将 80mm×200mm 木梁改用 50mm×100mm×3mm 方钢管，同时将相邻两钢背肋用 50mm×100mm×6mm 双角钢连接在一起作为调节支座，从而形成了钢背肋可调模板体系。它克服了木梁体系中木梁经过多次使用易破损，且由于湿度的反复变化而产生变形和组装配件多、调节机构复杂，拼装耗时以及调节支座过宽造成曲线在支座范围内无法形成弧度的不足。

通过实践，钢背肋模板体系的安装及调节比木梁体系更为方便，混凝土表面效果也有很大提高。

6.2 应用效果

可调模板在国家大剧院竖向结构中的应用，通过 PDCA 循环控制，解决了曲线墙体的施工难题，混凝土成型质量及宏观效果良好，受到专家的好评，在两次的北京市结构"长城杯"检查中，模板和混凝土分项均被评为"精"。

地下室外墙模板施工技术

1 工程概况

国家大剧院附属设施203区位于大剧院主体结构的南侧，主要由地下车道、消防水池、小剧场等组成。全为地下结构，结构形式为筏板基础，框架剪力墙结构。基础埋深最深达-18.1m，由于施工现场场地有限，且基坑较深，无法利用放坡开挖。因此，基槽垂直开挖，边坡采用护坡桩加锚杆支护。护坡桩为$\phi 800mm$钢筋混凝土灌注桩，与结构外墙最小距离为50mm，锚杆腰梁采用2根通长设置25a槽钢，外墙厚度700mm，地下均为两层，层高7.5m，混凝土抗渗强度等级为C30 P16。

2 模板支架体系的选择

2.1 选择原则

2.1.1 护坡桩紧靠结构，外墙与护坡桩距离过小，外墙模板无法利用双面支模的方法来实现，只能考虑单侧支模和使用穿墙螺栓。这样浇筑混凝土产生的侧压力完全由单侧模板支撑来承担，因此要求模板支撑具有一定的刚度、强度和稳定性，能够抵抗浇筑墙体混凝土所产生的侧压力。

2.1.2 护坡桩锚杆腰梁及其锚杆端头进入混凝土外墙内，而且位于每层的中间标高部位，通过土的侧压力计算不能先行拆除锚杆腰梁，外墙混凝土只能分步浇筑。第一步浇筑高度最高为4.2m（锚杆腰梁下），第二步浇筑高度最高为3.3m，因此要求模板支架操作灵活，可以接高使用。

2.1.3 现场条件有限，没有塔吊等垂直运输机械使用，因此要求模板支架重量轻，可以人工拆装和运输。

2.2 体系选择

根据选用模板支架体系原则，通过分析和参考国内外相应资料和技术，确定有两种模板支架体系可以使用：第一种是模板单侧支架体系，该支架最高可以承受浇筑 7.3m 高混凝土墙体所产生的侧压力，但无法周转接高；第二种是单侧外挂架体系，该挂架可以周转接高，但最高只能承受浇筑 3.3m 高混凝土墙体所产生的侧压力。

考虑到现场的实际情况，经研究决定：将两种模板支架体系综合使用，即第一步使用模板单侧支架体系，施工到 4.2m（锚杆腰梁下）；第二步施工使用单侧外挂架体系，施工到顶板底标高。

3 模板支架体系工作原理

3.1 单侧支架受45度的预埋斜拉杆作用，斜拉杆分为一个水平分力和一个竖向分力，保证单侧支架不会产生侧移和上浮。

3.2 单侧外挂架是通过预埋爬锥将架体固定在墙面上，外墙混凝土浇筑时的墙体侧压力由架体传到爬锥。

4 模板支架体系的组成

4.1 单侧支架的组成

单侧支架由埋件系统部分和架体两部分组成，其中埋件系统包括：地脚螺栓、内连杆、连接螺母、外连杆、外螺母和横梁。架体部分包括：单侧支架、调节丝杆和操作平台（见图1）。

4.2 单侧外挂架的组成

单侧外挂架由爬锥及受力螺栓、主梁三脚架、微调装置、主背肋、斜撑、操作平台等组成（见图2）。

5 模板支架体系的使用

5.1 单侧支架体系

5.1.1 埋件部分安装

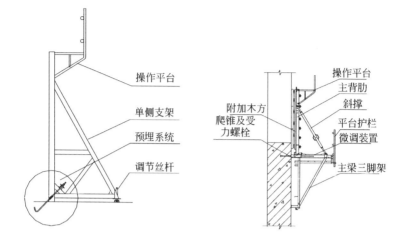

图 1 外墙单侧支架体系图　　图 2 外墙单侧挂架体系图

单侧支架体系的最终受力点是墙体根部的螺栓,因此螺栓预埋工作必须按以下要求进行,地脚螺栓采用 $\phi 25$ 钢筋加工成 L 形。

5.1.1.1 地脚螺栓出地面处与混凝土墙面距离为 60mm,各埋件杆相互之间的距离为 300mm。底板与顶板板厚不同,预埋螺栓也不同(见图 3、4)。

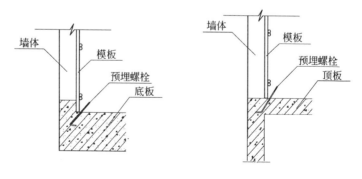

图 3 底板预埋示意图　　图 4 顶板预埋示意图

5.1.1.2 地脚螺栓裸露端距结构面距离 L = 模板厚 +

5mm，埋件与地面成 45°的角度，现场埋件预埋时要求拉通线，保证埋件在同一条直线上，同时，埋件角度必须按 45°预埋，可做一个 45°的靠尺进行质量控制。

5.1.1.3 地脚螺栓在预埋前应对螺纹采取保护措施，用塑料布包裹并绑牢，以免施工时混凝土粘附在丝扣上影响螺母连接。

5.1.1.4 因地脚螺栓不能直接与结构主筋点焊，为保证混凝土浇筑时埋件不跑位或偏斜，要求在相应部位增加附加钢筋，地脚螺栓点焊在附加钢筋上，点焊时，注意不要损坏埋件的有效直径。

5.1.2 模板及单侧支架安装

5.1.2.1 安装流程：

钢筋绑扎并验收→弹外墙边线→合外墙模板→安装单侧支架→安装加强钢管（单侧支架斜撑部位的附加钢管）→安装压梁槽钢→安装埋件系统→调节支架垂直度→安装上操作平台→再紧固检查一次埋件系统→验收合格后混凝土浇筑（见图5）。

5.1.2.2 合外墙模板时，模板下口与预先弹好的墙边线对齐，然后安装模板背肋，并用钩头螺栓将模板背肋与模板锁紧并用钢管将外墙模板撑住。

5.1.2.3 在直面墙体段，每安装五至六榀单侧支架后，穿插埋件系统的压梁槽钢，底板有反梁时，应根据实际情况确定，在弧形墙体段，每安装一榀单侧支架后应安装埋件系统的压梁槽钢。

5.1.2.4 支架安装完后，安装埋件系统（见图6）。

5.1.2.5 用背肋扣件将模板部分与单侧支架部分连成一个整体。

5.1.2.6 调节单侧支架后支座，直至模板面板上口向墙内倾约10mm（当单侧支架无加高节时，内倾约5mm），补偿单侧支架受力后，模板向后位移的倾覆。

5.1.2.7 最后再紧固并检查埋件受力系统，确保混凝土浇筑时，模板下口不漏浆。

5.2 单侧外挂架体系

5.2.1 预埋件及爬锥设置

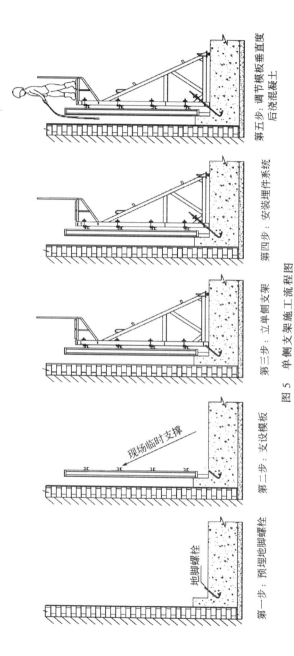

图 5 单侧支架施工流程图

埋件采用φ25的钢筋挑扣（D20型），爬锥与钢筋连接后预埋在混凝土中。在使用爬架前，须先在混凝土中预埋爬锥，预埋件位于墙体水平施工缝以下350mm。预埋件一定要错开洞口，并保证预埋件离混凝土边缘大于300mm。预埋件水平间距1000mm。挂架预埋件须在同一高度上（见图7）。

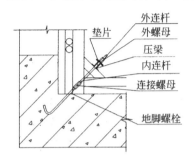 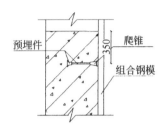

图6　埋件系统　　　　图7　预埋件及爬锥布置图

5.2.2　爬架周转流程

将主梁三脚架用M36螺栓固定在已预埋在混凝土中的爬锥上→支墙体模板（水平背肋）并固定→用主背肋销子将爬架三角架与主背肋连接→用主背肋扣件将主背肋与模板连接在一起→斜撑分别与三角架及主背肋连接→将操作平台与主背肋连接→调节模板垂直度→浇筑混凝土。

6　技术小结

单侧支架体系和单侧外挂架体系的应用在国家大剧院工程中取得了巨大的成功，该施工技术改进了传统的施工方法，较为理想的解决了外墙混凝土单侧支模和模板接高的问题，不仅减少了工序的操作时间和施工难度，极大的提高了工作效率，而且使施工质量得到了更好的保障，节省了大量的周转材料。该施工技术的应用得到业主和监理部门的高度赞誉。

扇形曲面观众席施工技术

1 工程概况

戏剧院主舞台的观众席位于主舞台南侧，分布在44-50/2D-2F轴，平面周边尺寸为26.4m×25.4m。平面投影设计为扇形曲面图形，内圆弧半径为10.181m，中弧半径为17.481m，外圆弧半径为23.781m。观众席池座部分包括观众席升降乐池和观众席池座主体两部分，以乐池边缘圆弧曲线圆心为中心，呈扇面形式由北向南呈阶梯式逐层分布。平面位置图形如图1所示。标高由-6.750m～-3.854m以台阶形式升高，共计设置1040个座位。观众席板厚200mm，台阶踏步高140mm。观众席下部为静压室，其空间为楔形（见图1、图2）。

2 施工难点

观众席底座板为三维结构形式，施工难度大。测量定位和标高控制、钢筋施工、模板的支撑和混凝土一次浇筑成型是结构施工的关键所在。

2.1 测量技术

整个观众席池座属于双曲面，除平面位置控制以外，还应对曲面上的点进行布点控制，现场放线控制有一定难度。

2.2 钢筋工程

整个观众席呈扇形曲线分布，钢筋型号较多，板主筋沿圆弧台阶呈曲线分布，每根钢筋长度各不相同。每个踏步均有配筋，且钢筋直径较细，这些给钢筋的成品保护带来困难。

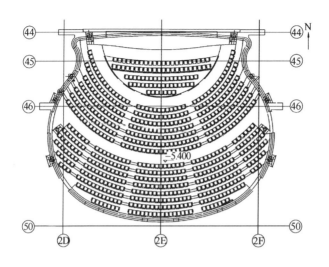

图 1 观众席池座平面图

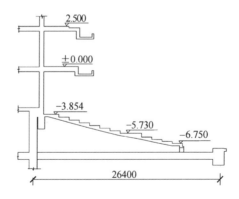

图 2 观众席池座剖面图

2.3 模板工程

观众席板支撑系统采用碗扣支撑系统，由于结构为扇形曲面，由舞台向外放射性分布，阶梯为弧面，施工较为困难。

2.4 混凝土工程

混凝土浇筑板为斜面，对混凝土本身的坍落度要求高。建筑标高多，自上而下共 15 个标高，对于混凝土浇筑成形的控制有一定难度。

3 施工方法

3.1 测量控制

进行池座放线关键是测设圆弧曲线和曲线法线位置的准确定位，我们采用测设基准线法，即在池座放线前，在本层地面上定出各条基准控制线或控制点，以作为细部放线使用。具体放线测设见《国家大剧院（戏剧院）工程施工测量技术》一文。

3.2 钢筋工程

观众席板厚 200mm，其钢筋型号有 $\phi22$、$\phi20$、$\phi16$、$\phi14$、$\phi6.5$ 等。所有板主筋沿圆弧环向分布，间距 100mm。根据钢筋工程的特点，在施工前就定好施工方案，并由现场专业工长和质检员监督检查。首先，严把钢筋放样关，利用计算机软件 AutoCAD 进行钢筋布置，根据钢筋平面布置图量出每根钢筋的曲线长度，考虑钢筋接头，最后算出每根钢筋所需加工的实际长度。第二，严把钢筋加工关，由钢筋加工专业工长监督钢筋下料长度并依据放线大样进行钢筋原材成型，并做好长度标记。第三，严把现场绑扎关，依照钢筋平面布置图，在模板上弹出每根钢筋的位置线，并根据钢筋布置图和钢筋料表，对加工好的钢筋对号入坐绑扎成型。第四，注重成品保护，台阶的配筋为 $\phi6.5$，绑扎成型后由于下道工序的插入极易人为破坏，为此在作业面板上方搭设专用马道供人员通行，这样既保证整个现场马道环行畅通又是钢筋的成品保护的最佳措施。

3.3 模板工程

观众席底座板模板采用 15mm 厚双面覆膜多层板，主次龙骨分别采用 100mm×100mm 方木和 50mm×100 mm 方木。根据静压室的特殊楔形空间，支撑系统采用满堂红碗扣架和部分扣件式钢管架相结合的体系。台阶踏步踢面模板采用加工定型木模的方法，为保证混凝土构件的准确性，依据设计半径加工定型模具板作为模板横肋，板面采用多层板。

模板支撑系统的布置根据现场平面放线和标高控制线确定，考虑到虽然整个看台是曲面变化，但对于每一排座椅的标高是保持不变的，也就是说，同一条曲线上的标高相同。所以支撑系统及主次龙骨的布置均应在此原则的基础上进行。支撑立杆沿环向布置，经计算并考虑到屋盖的支撑重量要通过该底板传至下层，所以立杆支撑间距按 900×600mm 布置并局部加密。具体铺设方法见图3、图4、图5。立杆规格采用 1.8m 和 1.2m 两种，横杆间距不大于 1.2m，且保证最上和最下一步有水平拉杆。当碗扣立杆不能满足要求时，采用短钢管做立杆并与碗扣系统相连。立杆上端设可调托撑，用以调节支撑的环向与径向标高，然后进行龙骨及面板施工。主龙骨采用 100mm×100mm 短方木，沿圆弧的环向铺设，次龙骨采用 50mm×100mm 方木立放，沿圆弧径向方向铺设。面板的铺设从一个方向逐块铺向另一个方向。经反复检查，模板标高误差≤2mm。

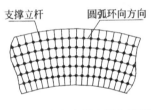

图3 观众席支撑立杆布置图

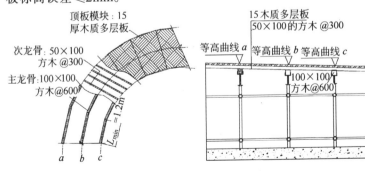

图4 观众席模板支撑平面剖析图　　图5 观众席模板支撑剖面图

整个看台由15步台阶组成，每步台阶的边线均为圆弧，曲率半径按900mm递增。施工前由测量人员在场外按设计要求放出各圆弧曲线的一部分，用50mm厚木板依曲线做模具，模具作为横肋使用，踢面立板由15mm厚多层板裁成踏步高度，立板背面上下钉两道横肋。这样既增加了模板本身的刚度又满足了设计曲线的精度要求。立板采用焊制钢筋马镫的方法的固定。同时为增加整个看台踏步的相对准确性和每个踏步立板的稳定性，用50mm×100mm方木将所有立板上口沿半径方向连接在一起，水平间距2m。

3.4 混凝土工程

该看台板为斜板，板厚200mm，台阶高140mm。在混凝土浇筑时采取以下措施：

① 混凝土坍落度控制在16±2mm，防止混凝土坍落度过大导致翻浆。同时加强混凝土振捣工作。

② 安排合理的浇筑顺序，根据现场实际情况，我们采取了自下而上的浇筑顺序，即先浇筑低标高踏步，然后依次向上推进。

③ 每层踏步上做钢筋标高标尺筋，间距2m一根，每层踏步均放50cm标高控制点，并拉通线，防止了操作工人由于标高过多而出现标高错误。

④ 台阶收面采用3m长刮杠，确保了踏面标高准确。

4 效果及体会

通过从测量控制、模板工程及混凝土浇筑等方面采取措施，最后整个观众席的混凝土成形效果良好，该部位的混凝土外观质量一次评定为优。

对特殊形式结构的施工，应与计算机的应用紧密结合。通过计算机与施工的结合，使测量放线、钢筋放样等较为繁琐的问题变得很简单，既提高了工作效率又保证了施工的准确性。

双曲面螺旋楼梯施工技术

1 简介

戏剧院工程的楼梯数量很多，千姿百态各不相同，以圆形、曲线居多。楼梯的施工根据不同的楼梯形式采用不同的施工方法，现以戏剧院Ⅲ.S.12 楼梯为例，介绍一下双曲面楼梯的施工方法（见图1）。

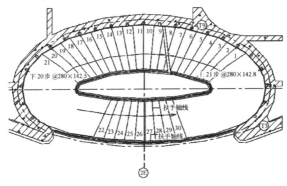

图1 Ⅲ.S.12 楼梯平面图

Ⅲ.S.12 楼梯是典型的双曲面螺旋上升楼梯，它的踏步板与墙体相连，板厚177mm，踏步宽276～438mm，高142.8mm。每个踏步均为从弧线墙体里伸出的悬挑梁，踏步边线从中线 2E 轴向两侧的分布曲线不同。

2 施工难度

根据楼梯的钢筋配置情况，所有楼梯踏步均有墙体伸出的梁，这与普通楼梯踏步无配筋的做法有着明显区别，为了保证楼梯的施工质量，我们采用了墙体与楼梯踏步板一起浇筑混凝土，在楼梯板根部不留设施工缝。
2.1 测量控制
楼梯的梯段板为双曲面螺旋状,每个踏步边线均为弧形,加之墙体为曲线墙体,测量定位应从平面和标高两个方面控制,难度较大。
2.2 模板工程
楼梯支撑系统采用碗扣支撑系统,由于楼梯板结构为双曲线面,踏步边线为弧线,踏步宽度不同,同时由于墙体和楼梯板一起支模,施工困难加大。
2.3 混凝土浇筑
墙体与楼梯板一起浇筑混凝土,混凝土会出现翻浆现象,从浇筑顺序和浇筑时间上都应科学安排,同时为防止翻浆也需采取一定的措施。

3 施工方法

3.1 测量控制
由于该楼梯的形式为螺旋上升楼梯,楼梯的放线测量应由平面定位和高程控制两个方面控制,所以,为实现楼梯的设计效果,有效控制好楼梯复杂的曲面结构施工,楼梯的平面定位主要采取以内控为主外控为辅,内外兼控的方法。以此方法控制楼梯的整体。对于楼梯的局部放样,主要结合曲线类型和特点,按曲线计算方法来实现曲线平面坐标的计算,并结合现场放样条件采取交会的方法。高程的实现楼梯标高控制主要采取 50 标高线控制。具体测设见《国家大剧院(戏剧院)工程施工测量技术》一文。
3.2 模板工程
楼梯模板采用 15mm 厚双面覆膜多层板,主次龙骨用 $100mm \times 100mm$ 方木和 $50mm \times 100mm$ 方木。支撑系统采用扣件式钢管脚手架体系。为保证踏步边线的准确性,依据设计半径加工定型模板(见图2)。

墙体模板与楼梯的模板一起施工,墙体模板采用加工定型木模,整个墙体模板由上下两块模板组成,与楼梯交接处做成阶梯

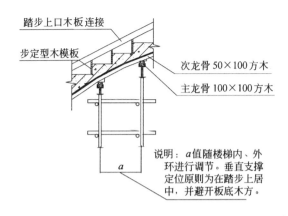

图2 圆弧楼梯支模图

形式，墙体模板用穿墙螺栓和塑料套管加固。墙体支撑采用单面撑拉方式。楼梯板模板支撑系统的布置应根据现场平面放线和标高控制线确定，根据图纸显示，虽然楼梯的上升呈双曲面变化，但对于每一踏步的标高是一样的，由此确定支模的核心，即保证沿一个踏步平面是水平的。这就决定了主龙骨的方向与踏步的方向一致，次龙骨放于主龙骨之上并平行于墙面。经计算并考虑到台阶踏步的分步情况，立杆支撑间距按 900×600 mm 布置（具体铺设方法见图3）。立杆规格采用钢管，横杆步距不大于 1.2m。立杆上端设可调顶托，来调节龙骨的标高，使每根主龙骨满足沿踏步方向且保持水平，随之进行龙骨及面板施工。

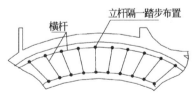

图3 Ⅲ.S.12 楼梯支撑布置图

楼梯每步台阶的边线均为圆弧，踏步结构的准确性对将来的装修效果起着重要作用，为此踏步模板制作定型木模板，由测量人员在场外按设计要求的曲线放出实际大样，依照大样用 50mm

厚木板和15mm厚多层板加工定型木模。这样既增加了模板本身的刚度又满足了设计曲线的精度要求，为今后的装修打下良好的基础。立板采用焊制钢筋马镫的方法固定。同时为稳定踏步立板并确保台阶宽度，用50×100mm方木将立板上口沿楼梯上升的方向连接在一起。

3.3 混凝土工程

楼梯为螺旋式上升楼梯，墙体与楼梯一同浇筑混凝土，板厚177mm，台阶高142.8mm。为了防止翻浆现象发生，保证混凝土浇筑质量，在混凝土浇筑时采取以下措施：

①在墙体与楼梯板交接部位的立面，用钢板网拦挡，将墙体与楼梯自然分开，这种方法有效地解决了混凝土翻浆现象，但必须注意墙体混凝土与楼梯板混凝土同时浇筑，以免由于间隔时间过长而产生冷缝，从而影响结构质量。同时，为防止混凝土坍落度过大容易导致翻浆，混凝土坍落度控制在16±2mm，但应加强混凝土的振捣质量。

②安排合理的浇筑顺序，根据现场实际情况，采取了自下而上的浇筑顺序，即先浇筑楼梯以下的混凝土墙体，然后浇筑楼梯踏步，最后浇筑楼梯以上部分墙体混凝土。

4 效果及体会

该形式的楼梯在一般工程中少见，在做法上与其他常规楼梯的做法不尽相同，主要突出表现在测量控制和模板施工上，针对楼梯特点我们采取了相应的技术措施，通过实践证明行之有效。该楼梯的成型效果很好，圆满地完成了设计意图。

楼梯施工是各个分项工程施工质量的集中表现和完美结合。对于特殊形式的楼梯更是如此，要从测量、钢筋、模板和混凝土各方面分析，定出相应对策，并坚决实施，才能取得良好的效果。

特殊形式结构的施工，应与计算机的应用紧密结合。通过计算机与施工的结合，使测量放线等较为繁琐的问题变得简单，既节省了时间，提高了工作效率，又保证了施工的准确性。

国家大剧院（戏剧院）工程施工测量技术

1 工程概况

戏剧院台仓高大空间部分与台仓前区是戏剧场观众席池座部分，空间结构平、立面复杂（见图 1），变曲线结构及存在众多高精度要求的舞台机械设备埋件的埋放为主控关键部位。

作为具有钢结构、深基础、大凌空、高程落差大、无标准层、曲线类型多、结构形式复杂的大型建筑，工程图纸多、审核工作力度大，促成施工测量工作内业计算量超常。

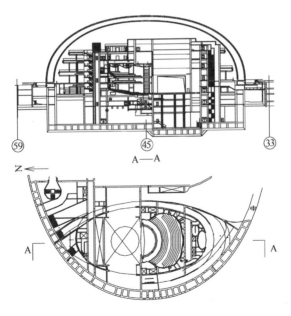

图 1 戏剧院平、立面图

因此，如何控制本工程测量放样的精度，如何进行系统、高效的图纸审核和快速准确提供施工测量数据，是测量工作的重中之重，直接关系着工程的最终质量。从测量工作的逐级控制原则出发，严格执行"项目部测量→总承包测量复核→监理检核"的三级管理程序，高标准、严要求、高精度，为确保工程质量获结构"长城杯"、工程"鲁班奖"的目标实现提供基本保障。

2 总体控制

2.1 平面控制

场地控制测量，按照由整体到局部、先控制后细部的逐级控制的测量原则，结合场地、工程建筑结构特点，根据现场通视条件以及现场施工的需要，以城市导线点为高级控制点，沿场地周围布设了一条闭合导线，作为首级控制导线网。导线全长相对中误差高于1/35000，方位角闭合差小于$\pm 5''\sqrt{n}$（n为导线点个数），平差后精度指标：测角中误差小于$\pm 2.5''$，边长相对误差高于1/40000。

由于曲线类型多、通视条件差、占地面积大等施工特点，内控点的布设困难大，布设导线边长差异大，首级导线点之间精度不均匀，且在施工过程中的使用率也会受到很大程度的限制。因此，在施工测量的总体控制采取外控为主，内控为辅，内、外控相结合的控制方法，但始终保持内、外联测。测设现场建筑方格网作为轴线控制时，边长不宜过长（如取≤100m），并以此作为工程的Ⅱ级导线，为减少由于高差太大产生i角的影响，避免地下、地上两部分结构出现测量放样的超差，事先在基础护坡周围布设"十字"轴线控制点，并与地上Ⅰ、Ⅱ级导线点联测、检核，以确保施工测量控制精度的要求。

轴线控制点的测放，按常规正倒镜投点法投测，并经平差、复核后，采用内分法或直角坐标法测放出其他线及墙体控制线等细部线。如基坑开挖进行边坡上、下口线控制时，应根据坡度计算边坡外放量：

$$\Delta L = D_x(1 \div \sin\theta - 1 \div \tan\theta)$$

式中 ΔL——外放量；

D_x——垫层厚度；

θ——边坡角。

为便于各层间的检核，在各流水段内应以适当密度设置预留点（允许是轴线控制点，每层预留点不少于三个），以此进行层间放线的复核，对于大凌空层间较复杂的点位采用激光铅直仪法进行投点检核。

平面细部测量一般分初测和归化两步进行，放样定点后要对各点做校核条件的检查或在一点架设仪器重复检查。对于一些不连续的或与周边结构相对关系不很明确的独立结构（如独立柱等），在放样后必须用另外的控制点或轴线进行检查，以保证其位置正确。如劲性柱（钢管柱）中的钢结构在安装时不但要检查其安装的位置、方向是否符合设计要求，而且每向上安装一节都要进行铅直度检查。

2.2 竖向标高控制

本工程的高程控制，采取二等水准测量和四等水准测量法控制。

2.2.1 ±0.000以下

由于工程结构基坑深，采用水准仪高程测量向基坑底进行标高传递，获得基底高程，经检查、复核进行闭合差调整后将标高基准桩妥善保护起来（标高基准桩个数不少于3个），对于基底均以2~3m设控制桩带水平线来控制开挖平整度。

2.2.2 ±0.000以上

为了避免标高传递出现上、下层标高超差，必须经常对标高控制点进行联测、复测、平差，检查校对后方可进行向上层的标高传递，在适当位置设标高控制点（每层不少于3点），精度在±3mm内，总高±15mm内调整闭合差，结构标高主要采取测设+50cm标高控制线，作为高程施工的依据。

2.3 非常规结构构件的测量控制

戏剧院工程中，以弧型结构为主，主要弧形曲线有圆曲线、螺旋曲线、椭圆曲线、超椭圆曲线及部分变曲率曲线等（如图2所示）。其中以圆曲线、椭圆曲线居多。因此，控制曲线放样精度，直接关系到建筑物的成型效果。

2.3.1 外业控制

受通视等条件的制约较大，常规的测量方法已无法满足该工程精度和质量要求，现场施测主要采取全站仪极坐标测量法，局部放线也可适当采用直角坐标放样法，如偏角法、距离交会法、方向线交会法、几何作图法和弦线矢距支法、切线支距法、正倒镜投影法等。

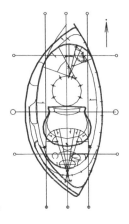

图2 戏剧院工程部分曲线分布图

全站仪的选择和精度指标控制是制约施测质量的因素之一，如本工程中全站仪（精度指标在 2 + 2ppm）和棱镜，要求能精确测距和极坐标放样乃至进行三维坐标测量，在钢结构安装测量时可使用贴片或激光无棱镜测量，其精度在 ±3mm。

2.3.2 内业控制

测量内业工作是进行一切施测工作的重要前提和保障，尤其对于本工程而言包括施工图纸的准确校对、以不同种方法进行图纸原始数据和推算数据的计算与校对、复核以及资料编制等等。为此，利用计算机编程和电子板制图方法进行测量内业工作在本工程中得到了广泛的应用。

2.3.3 新方法的探讨与改进

在高精度要求的复杂建筑工程结构施工中，受到现场通视等条件影响，当在控制点的布设和使用率受到限制时，采取GPS进行控制点的随机布设，既可避免由于不通视所带来的困扰，且可免除控制点间联测等工作，从而一步定点即可确保点位精度，又可节省时间提高工作效率，每定一点时间不超过40min，点位精度可达到±3mm，但使用GPS定点应确保有一个固定点作为永久性控制点用于相对定点。

3 施工测量技术的应用

在戏剧院工程中，除了大范围的平面曲线型结构外，复杂的二维三维结构部位也是本工程施工的重点与难点，以下将分别从平面曲线、三维池座（观众席）、异型曲线楼梯（例Ⅲ.S.12等）等结构的测量控制加以探讨。

3.1 复杂平面曲线的测量控制

本工程的结构曲线大多为主轴定位线，对测量控制标准要求更高（本工程的内控标准比国标提高一级），考虑到施工中其他分项工程（如：钢筋、模板工程）的相互制约，曲率较大的曲线结构的整体控制，采取导线控制方法，即以外部控制的高等级导线控制点为基本控制点，在施工现场曲线结构周围（外部、内部）布设闭合导线（或附和导线）和部分支导线，作为曲线的定位整体控制，导线边不宜过长（边长≤30m为宜），边长相对误差高于1/20000，且与外部控制点的联测进行有效检核，以防止出现曲线定位偏差，对于半径较小或变曲率弧型结构（如：202区外环超椭圆等）应结合方格网控制方法进行曲线的测设。

工程层间变化大且无标准层，不利于导线点的竖向投测，故每一层都应结合现场实际需要分层布设导线作为当前楼层的控制，除与外部上级控制点联测外，还应与上一层联测，并及时校正上下层间的误差积累。如图3为戏剧院T3曲线某层导线布置示意图。

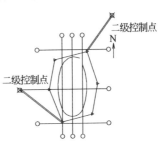

图3 导线布置示意图

根据圆曲线的特点，采取的计算方法应以便于现场施测和放样精度要求为前提，进行合理的选择和使用。如：步长等分圆弧法、等分圆心角法、等分弦线法、切线法和电子版模拟制图法等。

3.2 戏剧院观众席的施工测量控制
3.2.1 基本特征

如图4、图5所示，观众席位于主舞台前端，分布在44-50/2D-2F轴，以T2曲线为边缘的封闭曲面内，平面尺寸为26.4m×25.4m。平面投影设计为扇形曲面图形，内圆弧半径：10181mm，中弧半径：17481mm，外圆弧半径：23781mm。观众席池座部分包括升降乐池和观众席池座主体两部分，以乐池边缘圆弧曲线圆心为中心，呈扇面面形式由低向高（由北向南）呈阶梯式逐层分布。观众席的空间部分共分为三层，即-7.08m基础池座和上面两层挑台组成，标高由-6.750m～-3.854m以台阶形式由前到后升高，共计设置1040个座位。

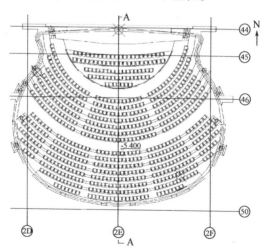

图4 戏剧院舞台池座平、立面示意图

纵观池座整体布置，是以2E轴为中心轴线呈左右两边对称式的格局，观众席板厚200mm，台阶踏步高140mm，观众席下部为带静压室的楔形结构。在进行施工放线中，确定以该轴线为基本控制线，主要采用极坐标法和直角坐标法，并逐线逐步放出其余各点、线位置。

图 5 A—A

3.2.2 测量控制

进行池座放线关键是测设圆弧曲线及其曲线法线准确的位置，可采取两种方法：一是在上一层楼板上测放出各控制线，在池座底板模板支撑后采取吊线方法或铅垂仪投点法进行，但该方法放线速度较缓慢，精度不高；二是测设基准线法，即在池座放线前，在本层地面上定出各条基准控制线或控制点，以作为细部放线使用，本文介绍第二种方法。

3.2.2.1 在底板钢筋绑扎前，预先在底板模板测放圆心位置，并在该位置埋置方形小钢板，并在浇筑完混凝土后利用全站仪极坐标法精确测设圆心位置；

3.2.2.2 分别在 $2E$ 轴方向和垂直于 $2E$ 轴方向，测设点 B、C、D 点，并做好标记，如图 6 所示：直线 AB、AC，作为施工测量放样基准线；

3.2.2.3 为精确测放各曲线位置，以适当的密度测放圆弧曲线的法线，并在圆弧与法线交点处做好标记，供圆弧曲线细部点加密使用，加密点的测放采用弦线矢距法或切线支距法；

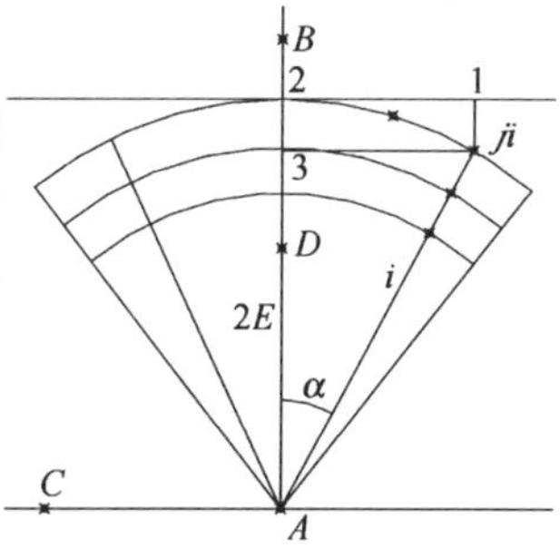

3.2.2.4 全站仪或经纬仪测角

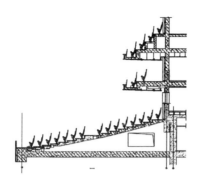

图 6 池座细部放线示意图

法，根据圆弧曲线要素，在已测放点间进行加密，以提高精度。进行细部点加密时，往往受到现场障碍物较多的影响，由于测设条件差，无法采取切线支距、弦线支距等方法进行较长距离放样时，可适当地采取任意置镜法结合距离交汇法的放线方法来实现。

所谓任意置镜法，是在已知圆弧曲线的切线方向上任意选一点，经给定圆弧切点和圆心角值，结合曲线要素来确定圆弧上任意点的方法；而距离交会法，是利用已知两个或两个以上的控制点及其至待定点间的距离，采取量距交会出待定点的方法。

如图 7（a）所示，已知圆弧 AP，半径为 R，AC 为该圆弧曲线在 A 点处的切线，S 为切线上任意一点，欲求曲线上任意点 P，则：

$$\alpha = \arctan\left[\frac{R - R\cos(\theta)}{R\sin(\theta) - AS}\right],$$

由此，AS 值为给定已知值，测设点与法线 AO 的夹角 θ（圆心角）与 PS 距离值是 α 角的函数，只要给定一圆心角 θ 即可测放一定点 P。

如图 7（b）所示，当 S 点不便架设仪器时，可在设定一定点 S' 求得距离 PS'，就可和 PS 共同交会出 P 点的位置，但值得注意的是，距离交会法测设精度较低，现场条件不佳时不宜采用。

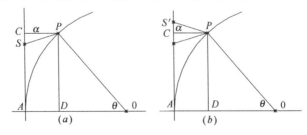

图 7 置镜法放样原理图

3.2.2.5 分别沿池座平面定位圆弧曲线的法线方向，抄测座位各台阶标高 50 控制线，以此作为标高控制点，允许误差应控制在 ±3mm 内；

3.2.2.6 进行池座位置定位施工测量时,应注意相关条件互相校核并做好记录;运用各种施测方法应注意精度要求;测量控制点应妥善保护,并设有明显标志;测量放线时注意误差积累,确保测量放样精度等。

3.3 戏剧院部分异型楼梯的施工测量控制

3.3.1 基本特征

圆弧楼梯一般有螺旋形楼梯和扇形楼梯两种,其造型新颖、独特、美观、富有动感,但结构复杂,施工测量定位、放样难度较大。

戏剧院结构部分楼梯造型复杂多变,不规则形楼梯,诸如圆形、不规则曲线类型、椭圆曲线形及螺旋曲线等占楼梯总数的80%以上,如Ⅲ.S.12一个楼梯单从平面上就含由40多条不同的曲线构成,楼梯外表形状上也比较奇特,况且结构上多为几个楼梯复合而成,如Ⅲ.S.7.8.9楼梯属于由Ⅲ.S.7、Ⅲ.S.8a(b、c、d)和Ⅲ.S.9、Ⅲ.S.11组成的复合型楼梯。Ⅲ.S.5、Ⅴ.S.8、Ⅲ.S.7.8.9和Ⅲ.S.12等楼梯,如图8。这些楼梯不但平面定位为曲线分布,其踏步也多为沿楼梯轮廓线呈射线分布,因此在楼梯测量定位上难度很大。下面主要以Ⅲ.S.12楼梯为例,简单介绍这种异型楼梯的施工测量控制方法。

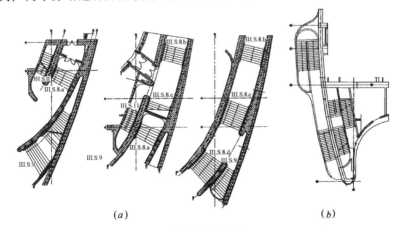

图8 不规则楼梯例图
(a) Ⅲ.S.8、Ⅲ.S.9、Ⅲ.S.11楼梯平面图;(b) Ⅲ.S.5楼梯平面图

Ⅲ.S.12楼梯是大剧院工程中最具有特色的楼梯之一,以2E轴为对称轴成左右非完全对称图形状,起于标高-5.930m止于16.40m。为双曲面螺旋楼梯,四周由多条曲线(北测T9、南侧T3曲线等)相接形成的曲面构成,并呈螺旋式上升,中空部分也是由多条圆曲线相接近椭圆形式的扶手曲线,且每道楼梯踏步由不同曲率的悬挑梁曲线形成,在以2E轴为分割线两侧的踏步曲线方向各不相同,并沿中间扶手轴曲线呈放射状分布。Ⅲ.S.12楼梯平面由40多条不同的曲线构成,施工工艺比较复杂(见图9)。

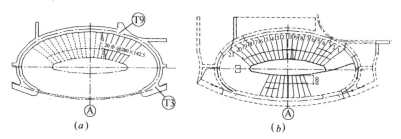

图9 Ⅲ.S.12楼梯平面图
(a)基础平面图;(b)顶层平面图

3.3.2 平面控制的实现

楼梯的平面定位主要采取以内控为主外控为辅,内外兼控的方法,外控,即由大剧院高级控制点,在楼梯首层测设两个(至少两个)或两个以上控制点,按支导线平差,以此作为楼梯控制次级控制点;内控,即以测设好的导线控制点为基点进行楼梯曲线细部放样,同时注意控制点间的联测、复核。对于楼梯的局部放样,主要结合曲线类型和特点,按曲线计算方法来实现曲线平面坐标的计算,具体放样可结合现场条件采取适当的方法,如:直角坐标法、弦线法支距法等等。一般曲线细部点的加密,由于现场条件限制,无法直接由圆曲线弦支距法实现圆弧的测设,则可采取平移弦线法。如图10所示:

对于已知圆弧 AB 上任一点 P_2 的测放,可以弦 AB 为基线求得矢距高 h_2 并以此量距 $(H+h_2)$,当无法以 AB 为基线,则

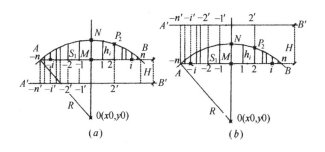

图 10 平移弦线支距法原理图

采用现以 $A'B'$ 为基线计算确定量距为 $(H-h_2)$，由此可测放出点 P_2。对内控点的竖向投测，为满足施测精度要求，可采取激光铅垂仪投点法进行。

4 施工测量中计算机技术的应用

在大型工程的施工测量中，由于结构复杂、计算量较大，尤其是对于曲线结构的施工放样与数据计算（包括圆曲线和椭曲线）使用传统的计算方法已不能满足工程的需要。因此，利用计算机程序进行计算也越来越广泛地应用在大量的测量内业计算中，不但计算精确、高效，而且能快速完成复杂、大量的计算，从而大大地提高工作效率。

4.1 曲线放样计算程序

根据曲线特征要素，为施工放样的方便起见，以一定弧长为等分圆弧起始步长，来实现计算圆弧中间加密点坐标，输入已知数据即可算出该段圆弧中所加密点数和各点在当前坐标系内的坐标值。对于椭圆曲线，可以一确定距离为限定界限等分拖延来计算加密点坐标。程序编制流程图如图 11 所示，程序应用窗体示意如图 12 所示。

4.2 计算机电子模拟制图应用

施工测量工作中，电子版模拟制图的广泛应用，在处理复杂部位施工上起到了明显效果，如变曲率曲线墙体放线和基础开挖

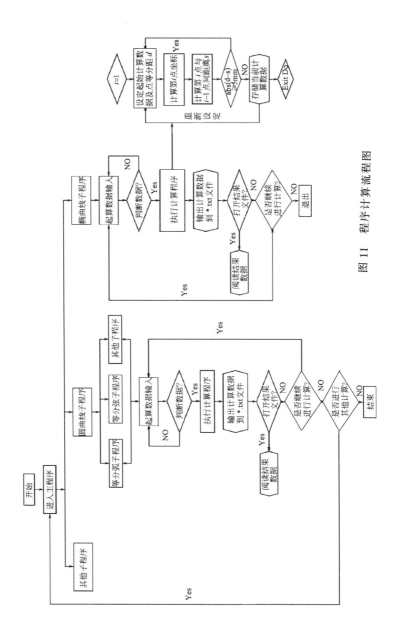

图 11 程序计算流程图

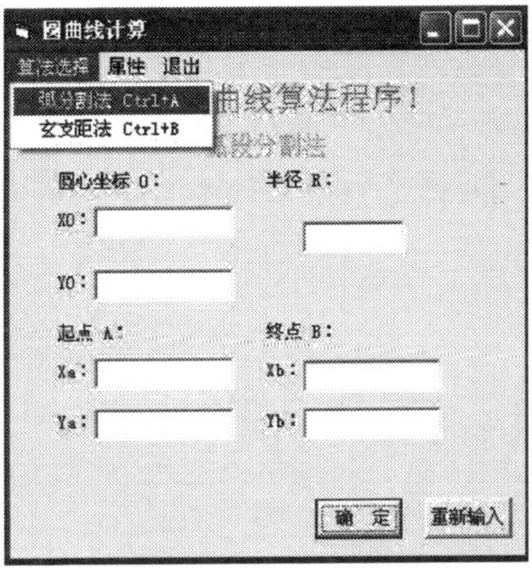

图 12 窗体示意图

边坡控制、汽车坡道三维实体模拟等等。图 13 为戏剧院台仓基础开挖电子模拟示意图，它是利用 AutoCAD 绘制三维图形形象地模拟出台仓开挖的实际形状，对现场指导开挖工作的准确进行起到了重要作用。除此，应用电子版制图模拟法还可快速求点坐标和量取距离及图形面积、实体体积、图纸校对等等。但值得注意的是使用电子版制图应与施工坐标系统相统一，以及与其他方法的正确复核。

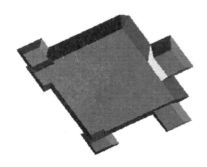

图 13 戏剧院台仓基槽开挖示意图

计算机程序和电子版模拟制图在建筑工程的施工测量工作中的科学应用，可以说是房建施工测量一种技术革新，如在大地测图、市政工程道路施测等工作中，已逐步证实它的优越性。在提高工作效率和计算准确性等问题上，也远远优越于传统的手工计算，用计算机比手工计算工作效率可提高 98.857%，尤其在大型复杂建筑工程中更有广泛的应用前景。

箱基底板大体积混凝土施工技术

1 工程概况

戏剧院工程基础平面为近似半圆形，平面结构尺寸为 146×65m。基础形式为箱形基础，基础埋深为 -26.0m，基础底板总厚度为 4m，其中，箱形基础的下板厚为 1m，上板厚为 0.6m，上下板之间为回填箱格。箱形基础的混凝土强度等级为 C30 P16。混凝土总方量 $6570 m^3$。

2 工程特点及难点

1. 基础埋深深，施工作业面大。
2. 箱形基础一次浇筑混凝土量大。
3. 混凝土工程的施工又处于冬期施工阶段。
4. 混凝土使用商品混凝土。

3 箱形基础施工段的划分

箱形基础下板混凝土施工中，箱基下板厚度 1m，属大体积混凝土。为了保证底板的抗渗要求，我们本着尽量少留施工缝的原则，把底板以后浇带为界作为两个施工段，每个施工段内不再划分流水段。即以 45 轴和 46 轴之间的后浇带将箱基底板划分为南北两个施工段，即 T1 段和 T2 段。戏剧院箱基施工段见图 1。T1 施工段和 T2 施工段的混凝土浇筑量分别为 $3560 m^3$ 和 $3010 m^3$。

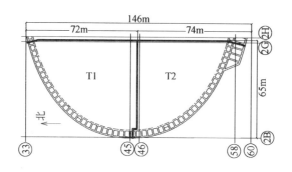

图 1 基础底板施工段划分图

4 施工机械的选择及配置

由于本工程的混凝土浇筑量大,考虑到混凝土浇注的流向和施工机械的工作量及工作强度,因此需要进行机械选型和配备数量的计算。具体计算见附一。

根据计算可知箱基下底板混凝土施工时所需机械设备配置见表 1。

混凝土浇筑施工机械设备配置表　　表 1

名　称	型　号	数　量
拖式地泵	HBT-80C（90kVA）	3 套
汽车泵	47m	1 辆
D125 高压泵管	D125	750 延米
布料杆	15m	3 套
预拌混凝土罐车	6m³	30 辆
插入式振捣器	ϕ50	25 套
	ϕ30	6 套

5 大体积混凝土的施工方法

5.1 对大体积混凝土施工的材料要求

为了防止大体积混凝土产生裂缝,影响混凝土的抗渗性,同时，底板施工正处于冬期施工阶段，还要防止混凝土产生冻害，为此，我们对商品混凝土特提出以下几点要求：

①要求配置混凝土的水泥采用北京水泥厂低碱 P.O32.5（京都牌水泥）。

②对砂、石碱活性要求：本工程属于Ⅰ类工程结构，所以结构用水泥、砂石、外加剂、掺和料等材料，必须具有市技术监督局核定的法定检测单位出具的碱含量和集料活性检测报告，无检测报告的粗细集料禁止在本工程中使用。混凝土中碱总含量应满足要求：不大于 $3kg/m^3$。

③对配合比设计提出要求：

a. 水灰比不大于 0.5

b. 水泥最小用量 $\geqslant 275kg/m^3$

c. 砂率宜为 35%～40%

d. 水泥砂比宜为 1:2～1:2.5

e. 坍落度：$160\pm20mm$。

f. 初凝时间不小于 5h

g. 氯离子含量≤0.3%

h. 碱集料含量≤$3.0kg/m^3$

④对外加剂及掺和料提出如下要求：

a. 纤维丝掺量：$0.8kg/m^3$

b. 防冻剂 TZI-3 掺量：$17.2kg/m^3$

c. 粉煤灰掺量：$90kg/m^3$

⑤必须保证混凝土初凝时间及终凝时间：初凝时间 6～8h，终凝时间 10～12h。

⑥混凝土收缩率符合规范要求，混凝土到达现场浇筑过程中不出现泌水现象。

⑦出机温度和入模温度：到场出机温度不低于 12℃和入模温度不低于 7℃。

⑧小票的记录要求包括记录出站、进场、开始浇筑、浇筑完成时间。

5.2 箱基底板混凝土浇筑线路的选择

对于混凝土浇筑路线的布置，首先必须保证能够覆盖所有的工作面，不能留死角；另外，就是要保证相邻的线路交圈；同时，还要选取最短的混凝土浇筑线路。由于箱基底板的混凝土浇筑量大，且幅面较宽，根据现场实际特点，在选择混凝土的浇筑线路时，分别采用由南向北的浇筑路线和由北向南的浇筑路线。保证施工时，浇筑幅面越来越小。考虑到其东西向最长尺寸为65m，而每个布料杆的覆盖半径为15m，因此，就在东西方向平行布置三个布料杆，平行连接三个地泵。这样的布置达到了混凝土浇筑连续不间断。

5.3 箱基混凝土的施工

5.3.1 混凝土的搅拌及运输

底板采用预拌混凝土，罐车运输，所以现场主要就是控制混凝土坍落度、混凝土质量以及泵送停歇时间等。

①预拌混凝土到场后由试验员逐车进行坍落度检查。

②混凝土运至浇筑地点，如出现离析或分层现象，退回搅拌站。

③混凝土泵送停歇时间不应大于45min，以保证混凝土泵的连续作业。

5.3.2 混凝土的浇筑

箱基底板混凝土的浇筑方法采用的是斜面分层浇筑的施工方法，混凝土的自由下落高度不得超过2m，浇筑混凝土的速度控制在2m/h，浇筑混凝土时应以混凝土泵管配合5m长的软管进行摆动式作业，不得将混凝土集中倾泻到同一地点。分两层浇筑，每层混凝土厚度不超过50cm，利用尺杆来控制分层浇筑厚度。

在混凝土的浇筑标高达到设计标高，在板浇筑完成后初凝前应使用2m和4m的刮杠找平，然后用木抹子将其反复压实搓毛，减少因水泥产生水化反应而使混凝土表面出现收缩而龟裂。混凝土浇筑完成后应及时上抹灰工进行收面，收面时在每个箱格内拉十字线控制好标高，收面要求三遍成活，然后使用扫把顺一个方向进行扫毛处理。在距墙体钢筋 10cm 范围内使用铁抹子进行压光处理，以保证将来支模时基底顺平。

5.3.3 大体积混凝土的养护

根据对大体积混凝土热工计算，在冬施期间对大体积混凝土进行一层塑料布和两层阻燃草帘覆盖。覆盖混凝土时应先覆盖一层塑料布以保水，然后覆盖双层阻燃草帘被保温。养护时间不得少于 14d。

5.3.4 大体积混凝土的测温

为了防止大体积混凝土内外温差过大而产生温度裂缝，混凝土的测温工作是十分重要的。混凝土浇筑时应根据测温孔布置原则布置测温孔，测温孔的布置方法见图 2 所示。

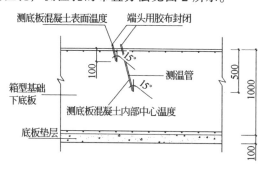

图 2 大体积混凝土测温管设置方式图

5.3.5 混凝土试块的留置

①抗压试块的要求：

现场浇注混凝土时每工作台班不少于一组试件；每连续浇筑混凝土每 100m³ 不少于一组；每现浇楼层同配合比的混凝土，其取样不得少于一组，每组三个试件。

现场取样按 GB50204—92 第 4，6 条进行。同条件试块留置组数、试验时间以现场需求为准。一般情况下混凝土抗压强度试件共做 5 组：

28d 标养试件： 1 组（根据规范要求）
60d 标养试件： 1 组（根据土建分部的要求底板需要留置 60d 试件）
同条件试件： 1 组（用于测定混凝土临界强度）
同条件试件： 1 组（用于测定混凝土脱模时间和施工缝处理）
同条件转常温养护试件 1 组（根据规范要求）

②抗渗试块的要求

抗渗试块每组试块为 6 块，每 500m^3 留置两组；留置抗渗试块的同时应留置抗压试件并且取自同一车混凝土。

6 冬期施工措施

大体积混凝土冬期施工极易产生温度收缩裂缝，主要因早期降温过程中内外降温速率不同引起，防止裂缝出现的关键在于控制好混凝土的内外温差，将其控制在 25℃ 之内。

A. 为避免混凝土内部温度过高，控制混凝土的浇筑温度在一个较低的温度——6℃，满足冬施规程中要求入模温度不低于 5℃ 的要求。

B. 混凝土原材料中掺加大量粉煤灰（90kg/m^3），利于混凝土的温度控制，同时在混凝土中掺加纤维丝，对混凝土的早期收缩有一定的控制作用。

C. 对大体积混凝土进行保温覆盖，覆盖一层塑料布，双层阻燃草帘被。

D. 在施工过程中，加强测温工作，测混凝土内部中心温度、混凝土表面温度及大气温度，根据测温结果做出判断，及时去除保温层，为下一步施工创造条件。

7 施工小结

通过这次大体积混凝土的施工，从中总结了几点防止裂缝产生的措施：

①使用低水化热的普通硅酸盐水泥，减少水泥用量；添加优质粉煤灰（II级）在减少水泥用量的同时也降低水化热及混凝土绝对温度，减少裂缝的产生。添加量控制在水泥重量的15%～25%，具体数值以混凝土配合比试配单为准。

②混凝土在搅拌时添加纤维，以增加混凝土的抗裂性能。

③充分利用混凝土的后期强度，减少水泥用量。

④使用粒径0.5～2.5cm的骨料粗骨料、掺加粉煤灰、减水剂等改善和易性降低水灰比。

⑤保证混凝土的入模温度，对搅拌站进行交底，由搅拌站严格进行搅拌温度的控制。

⑥混凝土浇筑应连续浇筑，一气呵成，之间不留施工缝。

⑦大体积混凝土浇筑时采取斜面分层方式进行，每层分层厚不大于500mm，利用尺杆控制浇注分层厚度。振捣工作从浇筑层的下端开始，逐渐上移以保证混凝土施工质量，上下层搭接50～100mm，上下层混凝土覆盖时间间隔控制在2h以内。

⑧新浇混凝土采取不少于14d养护，特别是对于冬期施工期间的大体积混凝土施工，一定要加强混凝土的保温养护工作；并且要有专人对大体积混凝土进行测温监控，以便在混凝土的内部外部温度差超过25℃时及时采取措施。

附：

一、箱基下底板混凝土浇筑施工机械选择计算

根据-25m底板T_1段混凝土工程量来确定现场所需混凝土拖式地泵及混凝土搅拌运输车的数量，按该段混凝土计划44h浇筑完成，则每小时计划浇筑混凝土数量为80m³，根据现场实际情况，选用两台HBT-80C泵。

（1）混凝土汽车泵配备的计算如下：

$$Q_1 = Q_{max}a_1\eta$$

Q_1——每台混凝土泵的实际平均输出量（m³/h）；

Q_{max}——每台混凝土泵的最大输出量（m³/h），此处取80m³；

a_1——配管条件系数，取0.8；

η——作业效率，取 0.6。

每台泵实际平均输送量为：$Q_1 = 30\mathrm{m}^3/\mathrm{h}$

理论上需要混凝土泵的数量为：80/30 = 2.7 台

则现场采用 3 台拖式地泵混凝土进行连续浇筑作业，为确保浇筑工作的连续性，现场应设一台 HBT-80C 拖式地泵或汽车泵备用。

（2）每台拖式地泵配备的混凝土运输车的数量：

$$N_1 = (Q_1/60V_1)[(60L_1/S_1) + T_1]$$

式中　N_1——混凝土搅拌运输车台数（台）；

　　　Q_1——每台混凝土泵的实际平均输出量（m^3/h）；

　　　V_1——每台混凝土搅拌运输车容量（m^3）；

　　　S_1——混凝土搅拌运输平均行车速度（km/h）；

　　　L_1——混凝土搅拌车往返距离（km）；

　　　T_1——每台混凝土搅拌运输车总计停歇时间（min）。

在上式中，取：$Q_1 = 38.4\mathrm{m}^3/\mathrm{h}$

　　　　　$V_1 = 6\mathrm{m}^3$

　　　　　$S_1 = 37\mathrm{km/h}$

　　　　　$L_1 = 37.5\mathrm{km}$（从搅拌站到工地现场）

　　　　　$T_1 = 15\mathrm{min}$

将上列数据代入公式：

$N_1 = (38.4/60 \times 6) \times [(60 \times 37.5/37) + 15]$

得：$N_1 = 8.3$

取 $N_1 = 9$（辆）

每台混凝土地泵应配备混凝土输送车至少 9 辆，才能保证连续浇筑。

（3）泵管配备数量

选用 D125 型高压泵管作为混凝土输送管，根据现场情况，泵管需从场外地面经过两道连续墙和喷浆护坡面才能进入作业面。地泵的停放处与待浇注作业面高差近 25m，最远点水平为

94m，以距离浇筑点较远并配备 6 个 90°弯头的 3#地泵做验算，以确定泵管长度和压力损失是否满足要求。

A．混凝土输送管水平长度的确定：

根据现场实际测量：水平段泵管最长为 94m，

-7.5～-24.5m 垂直段长度 19m，

±0.0～-7.5m 垂直段长度 7.5m，

-12.5m 连续墙外部分长度 20m，

弯头共计 6 个，换算长度为 54m。

共计 195m。

根据公式：$L_{max}=P_{max}/\Delta P_H$

$\Delta P_H=2/r_0 [K_1+K_2(1+t_2/t_1)V_2]\alpha_2$

$K_1=(3-0.01S_1)\times 10^2$

$K_2=(4-0.01S_1)\times 10^2$

式中 P_{max} 取 $19.5m_a$ （HBT—80C 型泵）

r_0 取 0.125m （D125 型高压泵管）

S_1 取 160mm

$t_2/t_1=0.3$

V_2 取 1.8m/s

α_2 取 0.9

得：$\Delta P_H=20206.08P_a/m$

$L_{max}=643.3m>195m$

泵管长度符合要求。

B．混凝土泵送能力验算：

总压力损失：水平直管 94m 压力损失 0.5MPa

垂直管 19m 压力损失 0.4MPa

直角弯管 6 个 压力损失 0.6MPa

软管压力损失 0.2MPa

总的压力损失：1.7MPa＜19.5MPa

泵管压力损失满足使用要求。

二、大体积混凝土的热工计算

根据设计总说明的要求,商品混凝土应使用普通硅酸盐水泥拌制,水泥标号不低于 425,使用量不少于 $300kg/m^3$,水灰比不大于 0.5。并应考虑到泵送混凝土时的施工要求而制定科学的配合比。在选用材料上应尽可能地降低混凝土水化热,降低混凝土内外温差,以减少温度收缩裂缝,并控制碱集料反应的发生程度,以保证结构耐久性。

大体积混凝土的热工计算:

绝热温升计算

$$T = \frac{WQ}{C\rho}(1 - e^{-mt})$$

式中 T——混凝土的绝热温升(℃);

W——每 m^3 混凝土的水泥用量(kg/m^3),取 330~340;

Q——每千克水泥水化热量 kJ/kg,R032.5 普通水泥取值 377;

ρ——混凝土密度取 $2400kg/m^3$;

t——混凝土龄期(d);

m——常数,与水泥品种、浇筑时温度有关,取 0.4;

C——混凝土比热,取 0.96kJ/kg·K。

代入数值得 $T = 57.27(1 - e^{-0.4t})$

计算结果如表 2。

表 2

t (d)	3	6	9	12
T (℃)	40.0	52.1	55.7	56.8

混凝土内部中心温度计算

$$T_{max} = T_j + T_{(\tau)} \cdot \xi$$

式中 T_j——混凝土浇筑温度(℃),取 6℃;

$T_{(\tau)}$——在 τ 龄期时混凝土的绝热温升(℃),见上表;

ξ——不同浇筑厚度的温降系数,见表 3。

表 3

浇筑块厚度 (m)	不同龄期时的 ξ 值			
	3	6	9	12
1.0	0.36	0.29	0.17	0.09

计算结果列表如表 4。

表 4

t (d)	3	6	9	12
T_{max} (℃)	20.4	21.1	15.5	11.1

混凝土表面温度计算

$$T_{b(\tau)} = T_q + \frac{4}{H^2}h'(H - h')\Delta T_{(\tau)}$$

式中 $T_{b(\tau)}$——龄期 τ 时，混凝土的表面温度（℃）；

T_q——龄期 τ 时，大气的平均温度（℃）；

H——混凝土的计算厚度（m），$H = h + 2h'$；

h——混凝土的实际厚度（m）；

h'——混凝土的虚厚度（m），$h' = K\lambda/U$；

λ——混凝土的导热系数取 2.33W/（m·K）；

K——计算折减系数，可取 0.666；

U——模板及保温层的传热系数 [W/（m²·K）]；

$$U = \frac{1}{\sum \frac{\delta_i}{\lambda_i} + R_w}$$

δ_i——各种保温材料的厚度（m）；

λ_i——各种保温材料的导热系数 [W/（m·K）]；

R_w——外表面散热阻，可取 0.043（m²K/W）；

$\Delta T_{(\tau)}$——龄期 τ 时混凝土内最高温度与外界气温之差（℃），$\Delta T_{(\tau)} = T_{max} - T_q$，$T_q$ 取 −5℃。

底板保温方式为一层塑料布，两层阻燃草帘，计算过程如下，$U=0.773$，$H=5$，$h'=2$ 代入可得

$$T_{b(\tau)} = 0.96\Delta T_{(\tau)} - 5$$

计算结果如表 5。

表 5

t （d）	3	6	9	12
$\Delta T_{(\tau)}$ （℃）	25.4	26.1	20.5	16.1
$T_{b(\tau)}$ （℃）	19.4	20.1	14.7	10.5

高强混凝土施工技术的应用

1 工程概况

国家大剧院工程从-7.080m板起需要安装、焊接直径分别为508mm和406mm钢管柱42根。钢管柱在标高-0.08m以上全部为$\phi 406 \times 12$钢管柱，变径管采用$\phi 508 \sim \phi 406 \times (h_b + 50)$mm（$h_b$为梁高）过渡连接，并增加40根（歌剧院16根，戏剧院11根，音乐厅13根）$\phi 406 \times 12$钢管柱。所有钢管柱中均浇筑混凝土，±0.000m以下的$\phi 406$钢管柱浇筑C80混凝土，$\phi 508$钢管柱浇筑C60混凝土；±0.000m以上均浇筑C60混凝土。

2 高强混凝土的生产要求

高强混凝土受压时呈脆性，塑性变形小，延性差，破坏突然，强度愈高表现愈加显著。为提高高强混凝土的延性，一般采取控制轴压比，增加配筋率，设置劲性型钢等措施。在本工程中为改善其破坏形态和延性，提高柱的承载力，设计图纸在钢管柱内配置了钢筋。

2.1 高强混凝土试配的主要技术指标

2.1.1 高强混凝土要求到场时坍落度满足220 ± 30mm，坍落度损失率≤15%/h。

2.1.2 夏季施工时混凝土要求入模温度≤28℃，搅拌站控制出机温度≤20℃；冬期施工时混凝土入模温度不低于7℃，出机温度不低于15℃。

2.1.3 掺加SP-8N高效减水剂，减少自由水。

2.1.4 掺加缓凝剂，确保混凝土出凝时间≥6h。

2.1.5 掺加保塑剂，减少混凝土坍落度损失值。

2.2 原材料使用要求

水泥：河北鹿泉"鼎鑫"P.O42.5，安定性合格；
实有活性≥52MPa；
标准稠度用水量≤27%。

砂子：潮白河中砂，MX＝2.30～3.0，级配合格；
含泥量≤1%，泥块含量≤0.5%。

石子：机制碎石，粒径5～25mm，级配合格；
人工水洗干净，泥污、石粉含量≤0.5%；
针片状颗粒含量≤3%，压碎值≤6%。

掺和料：复合型矿物掺和料，活性指数＞105。

外加剂：规定掺量下的净浆流动度＞350mm。

2.3 理论配合比

表1

材料名称	水	水泥	砂子	石子	外加剂	掺和料
C60 每m³用量（kg/m³）	154	450	668	1089	13.8	100
C80 每m³用量（kg/m³）	156	450	614	1092	30.0	150

2.4 混凝土拌制要求

本工程高强混凝土计量偏差范围符合表2要求

表2

材料名称	水	水泥	砂子	石子	外加剂	掺和料
偏差范围（%）	1	1	2	2	0.5	1

混凝土搅拌时间不少于60s，其中净搅拌时间不少于30s。搅拌时采用二次投料法，即先投入砂子、水泥及1/3水，搅拌20～30s后再投入石子和剩余2/3水，继续搅拌至出机。

2.5 混凝土运输

高强混凝土所用罐车必须清洗干净，不得与其他混凝土运输串用。混凝土出机后至运输到现场时间应在1h内完成，运输过程中严禁随意加水和减水剂，避免混凝土发生泌水和离析。混凝土生产运输应服从现场调度，严格控制混凝土出机时间及单车方量不宜超过 $2m^3$。

3 混凝土现场施工

3.1 浇筑准备

按施工要求进行各工序报验，合格后办理会签手续。作业平台架经验收符合使用规定，ϕ30高频振倒棒（长8m）、吊斗、铁锹、小斗、软管（溜槽）等机具准备到位，所有装运、接触高强混凝土的机具必须清洗干净，浇筑过程中不得他用。用于保温、保湿、保护的塑料薄膜，厚度40mm且密度≥20kg/m^3自熄性聚乙烯保温板、木质多层板、8#铅丝准备到位，混凝土浇筑相关人员全部就位，塔机随时待命。

3.2 混凝土浇筑

混凝土从出厂到浇筑完成必须控制在2h之内，申请浇筑时间应避开交通高峰期。混凝土采用吊斗装盛，塔机吊运，浇筑前精确计算单斗容量，每次浇筑方量及时间应合理组织，不能同时浇筑过多钢管柱，当最后一斗混凝土不足单根钢管柱方量时，禁止浇筑。混凝土浇筑采用人工投放软管（溜槽）下料，混凝土自由下落高度不得大于1.5m，边浇筑边提升。混凝土浇筑分层厚度控制在50cm以内，用标尺杆严格控制，使用ϕ30高频振捣棒振捣，每层必振，振捣时间不得超过20s（表面泛浆自平，气泡溢出即可，严禁过振）。上层混凝土振捣时，振捣棒插入下层混凝土50~100mm；每次混凝土浇筑至已安装钢管柱顶面以下100mm处，用木抹子搓平。钢管柱混凝土接茬面自然成型，不再进行剔凿处理。

3.3 混凝土养护

钢管柱混凝土浇筑完毕后应立即地用塑料布包裹，保护混凝土自有水分不散失；外部再用自熄性聚乙烯保温板（40mm厚，密度≥20kg/m³）加木质多层板覆裹严紧，兼具保温、保湿、隔热、柱壁保护之用；

混凝土终凝并具备一定初始强度后（3～5MPa，约24h），在其顶面用海绵填塞，蓄水保湿、保温养护，保证湿润不少于14天。

3.4 混凝土质量检验评定

由于高强混凝土质脆，因此混凝土试块的试验至关重要，高强混凝土试块制作统一采用150×150×150mm标准钢试模。每浇筑批、每根钢管柱混凝土留置一组28d标准养护试块；每浇筑一批混凝土留置一组7d标准养护试块，一组28d同条件养护试块，一组60d标准养护试块，一组备用试块；见证试块在上述试块中由监理确认后，封样送见证试验室，数量不少于总组数的30%，见证试块试压时通知混凝土供应单位中心试验室参与。

4 高强混凝土实际强度及预测强度

以2002年11月17日浇筑的国家大剧院2E‑2G/34‑46轴5.860m～6.890mGZt5、GZt7、GZt9钢管柱（C60）为例，28d标养强度为85.5MPa，达到设计强度的142.5%。混凝土实际强度及预测强度增长曲线如图1所示。

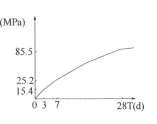

图1 C60混凝土强度增长曲线

5 结束语

工程实践和试验研究表明，配置钢筋的高强混凝土钢管柱应用于高层建筑，具有较好的延性和良好的抗震性能，具有明显的经济效益和社会效益；能很好地满足工程上的使用需要和美观要求，为高强混凝土的推广和应用起到了促进作用。

箱基回填施工技术

1 工程概况

国家大剧院工程的主体结构的基础形式为箱形基础，基础埋深为-26.0m，基础底板总厚度为4m，其中下板厚1m，上板厚0.6m，箱格内箱墙厚度为0.8m，箱格净高度为2.4m，箱格内净尺寸为1m至5m不等。本工程的防水等级为一级，采用防排结合，以防为主的设计原则。

由于箱形基础的埋深深，为了增加建筑物的总体配重来抵抗地下水浮力，需要在箱格内回填砂石，来增强抗浮力。同时也为满足其功能要求，箱格内分层次回填不同种类的砂石。对于箱形基础设备管道间、排风（烟）道、新风或回风道、排水管道以及集水池等箱格内不进行回填。

2 工程特点及难点

2.1 箱形基础埋深深，施工作业面大。

2.2 箱基回填工程量大，施工工期紧。

2.3 施工场地狭小，边坡呈梯台状，给回填施工造成不便。

2.4 回填部分需填入不同种类的砂石，回填层次多。

3 回填施工方法的选择及实施

3.1 施工方法的选择

由于上述箱形基础施工的特点和难点，这些都给回填工作带来困难，同时又由于其工期要求紧、施工工序多，选择什么样的回填方法及如何组织施工，就成了回填的重点。首先我们从平面布置图来进行分析。戏剧院工程的回填施工现场平面图如图1所示。

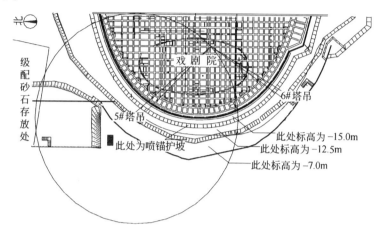

图1 戏剧院工程回填施工现场平面布置图

由平面图及计算可知，所施工的戏剧院部分的占地面积比较大，约为6600m^2，其中需要回填部分约占2/3，回填方量约为8400m^3。根据现场的施工条件，两部塔吊可以用来回填，但是，考虑到塔吊的转次以及塔吊的覆盖范围，两部塔吊还不能完全将所有的工作面全部覆盖，施工作业面还存在盲区且回填速度慢。因此，不能完全依赖于塔吊来进行这么大土方量的回填施工。

另外，根据设计要求，考虑到箱形基础内有部分箱格不需要回填，因此，可以考虑在这些不需回填的箱格上方搭设封闭式"回"形马道。利用搭设马道进行回填，还可以解决塔吊所不能覆盖部分的回填问题。

再者，要解决好这么大土方量回填料的倒运问题，经过反复讨论和研究，我们认为搭设大溜槽是一个比较好的办法。搭设好溜槽以后，可以利用挖土机、铲车等机械来辅助进行运料、铲料和向作业面倒料；另外，在作业面上搭设一个大的受料平台，受料平台再与各个马道相连，这样就可以大大的提高回填的施工速度了。综上分析，回填采用机械、溜槽倒料，塔吊、人工共同回填的施工方法。

3.2 回填马道、溜槽的布置与搭设

对于回填马道的搭设，主要就是尽量利用箱形基础内不需回填的箱格来搭设成环行的回填大马道，以方便小推车的循环行驶，达到提高回填施工效率的目的。马道的搭设原则为每隔两个区格搭设一条通长大马道，各马道均与受料平台相连，且各马道之间形成循环马道。

对于溜槽的搭设，主要就是考虑施工现场的场地条件。溜槽设在基坑旁，从-12.5m平台直接溜到-22.00m处倒料平台，溜槽下口直接达到倒料平台上50cm处，方便小车接料。溜槽的坡度按照55度考虑，向上返至-12.5m平台，因该平台宽度不尽相同，对于部分-12.5m平台无法与溜槽相交的地方，使用钢管和脚手板搭设加长、加宽平台，使之相交，满足铲车铲土、倒料的需要。溜槽从上到下内衬白铁皮，每段作成4m长，帮板30cm高，现场组装成型。溜槽搭设示意图见图2。

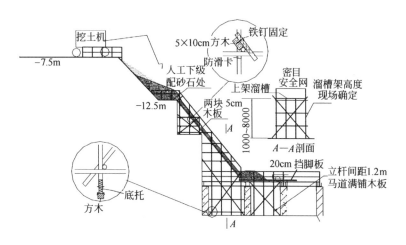

图2 溜槽搭设示意图

根据现场实际情况，在本次回填中，级配砂石回填量较大，使用铲车将级配砂石从堆料场倒运至距离回填处较近的基坑西侧 -12.5m 平台上，再使用溜槽将回填材料溜至 -22.00m 倒料平台。然后由人工使用小推车利用马道倒运至箱梁格内，再由人工摊铺、夯实。受料平台及马道的搭设原则就是尽量利用箱格内不回填部分的箱格。溜槽的位置则视现场的实际情况搭设，但都是选取保证回填料有尽可能少的二次倒运运距的位置。

4 箱基的回填施工

4.1 箱基回填施工工艺

箱格内清理、流水孔清通——弹上分层回填线并作好标记——混凝土工程验收——分层回填并夯实——分层验收——垫层混凝土浇筑。

4.2 箱基回填施工方法

一般的箱格内分层回填做法：卵石回填厚度为 250mm，级配砂石回填厚度为 2100mm，最后浇注 5mm 的 C10 混凝土垫层。排水管道内回填 150mm 的卵石和 100mm 的级配砂石。

4.2.1 先将箱格内杂物清理干净，并且把箱格内的流水管捣通，必须保证每个箱格内有两个方向的流水管畅通；

4.2.2 将地锚周围1cm范围内的混凝土都向下剔2cm深，然后用气焊将地锚齐根割掉，再使用砂浆将其补平。

4.2.3 用水准仪抄好不同回填料的分界线以及级配砂石的分层回填线（级配砂石的分层回填厚度为250mm），并且在相应区间标明回填种类，并在四面墙中及角部做一条标高控制带，控制带宽10cm，长度为30cm，在不同回填料分界处刷红白相间漆。见图3所示。

4.2.4 卵石及砾石回填

由手推车或塔吊直接倾倒至区格内，工人在区格内用铁锨均铺—含泥量控制。

4.2.5 土工布铺设

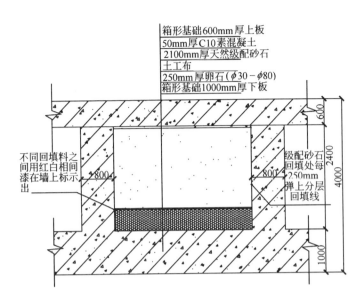

图 3 箱基回填剖面示意图

卵石回填至设计标高并找平后,在其上直接铺放土工布,土工布之间搭接长度为20cm。土工布在箱格的四边都向上翻起10cm,然后用胶条将土工布与墙体粘结在一起。

4.2.6 原状级配砂石回填

由小推车或塔吊运至区格内,人工均铺整个区格,分层回填夯实,分层厚度250mm,使用平板振捣器振捣夯实,夯实由区格内一端向另一端往返推进,每层夯压不少于两遍,夯实密度由试验员现场每层抽检测定,检查合格后方可进行下一步的回填。

4.2.7 垫层混凝土做法

将回填料平整夯实后,拉通线检查级配砂石回填后标高,监理验收合格后方可进行垫层混凝土的施工。垫层混凝土的施工需拉通线控制标高,并且一次成活。

5 小结

对于大面积、大方量的回填施工,选择好合理的回填方法以及科学的去组织安排施工是至关重要的，因为回填本身并没有太多的技术难度，回填工作的关键就是如何去科学的组织和合理的安排以达到既增强效率又节约成本的目的。实践证明，我们采取的塔吊、人工及溜槽等方法是符合现场要求的，既缩短了工期又使劳动力达到合理安排。

地下室防水施工技术

1 概况

本工程地下三层，单层面积 2.5 万 m^2，整体结构东西长 212.2m，南北长 143.6m，基础底板为钢筋混凝土箱形基础，底板总厚度 4m，其中下板厚 1m，上板厚 0.6m，基础埋深 －26.0m（局部埋深 －32.5m、－28.5m 不等），处于地下承压水层范围内。设计为混凝土刚性自防水、防排结合。基础底板及外墙混凝土标号为 C30 P16。地下排水系统设计为每个基础箱格墙底部设 $\phi200$ 半圆流水管，地下渗水通过流水管导入集水池，集中处理。外墙厚度为 1m，在 －25.0m～－13.3m 之间外墙外侧做防水处理。

2 地下结构混凝土防水施工技术

2.1 结构底板分段设置

该工程底板为箱形结构，由于平面尺寸大，为了解决大体积混凝土施工的问题，根据建筑设计要求，基础底板平面设置了 5 条后浇带，把底板分成 6 个部分。同时设计要求，在底板混凝土施工时，不再另留施工缝。外墙也在后浇带位置处断开，同样留置后浇带。后浇带的封堵要在地下结构施工完毕后方可进行。后浇带位置见图 1。

2.2 后浇带施工

后浇带设计形式为阶梯形凹槽，下口宽 0.8m，上口宽 1m。一般情况下，后浇带处混凝土接缝处理很难达到理想状态，这也是后浇带施工的通病，先后浇筑的混凝土不能良好结合，这个薄

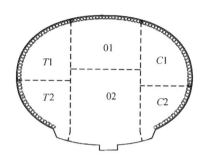

图 1 基础底板后浇带位置图

弱环节为地下水的渗入提供了通道。为了克服这个质量通病，加强后浇带的防水效果，设计上除后浇带封堵混凝土采用 C30 P16 膨胀混凝土外，还采取了两条措施，一是后浇带模板采用快易收口网；二是在后浇带中间错台上设止水条（见图2）。

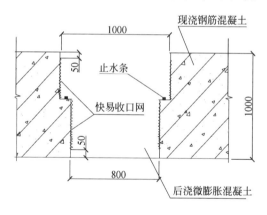

图 2 基础底板后浇带位置图

2.2.1 快易收口网施工

快易收口网是由网状钢板和 U 形肋骨架组成的一种永久性模板，在浇筑第一次混凝土后，快易收口网与凝土结合后会形成一种特殊的表面，这种表面不需做任何处理，就可以与第二次浇筑的混凝土粘接成一体。快易收口网利用方木做骨架，铁钉固定。需注意的一点是，施工时收口网的上、下边界距底板上下表面各5cm，以免收口网形成贯穿底板通缝，为渗水提供通道。快易收口网的使用解决了施工缝混凝土表面不好处理的难题，而且施工方便，减少了拆模工序，提高了工作效率。

2.2.2 膨胀止水条施工

止水条采用比利时 DE NEEF 公司生产的遇水膨胀止水条（SJ 止水条），它的规格为 25×7mm，膨胀率 600%，它除了膨胀率高还有一个显著特点，就是遇水膨胀，水去收缩。安装止水条要求基面干燥、平整，用射钉将止水条固定在平整的混凝土表面，射钉间距 25cm（见图3）。但当基面不平时，应使用 SM 胶（SM 胶与止水条同种材料）将表面找平，然后把止水条粘在胶表面。施工过程中要避免止水条提前遇水。外墙后浇带与底板后浇带位置对应设置，由于竖向结构侧压力较大，后浇带的做法与底板后浇带做法略有区别，后浇带侧面模板采用木板封堵，拆模后将表面凿毛，但在放置止水条位置不进行剔凿，外墙后浇带防水仍采用膨胀止水条，止水条安装方法与底板后浇带的止水条安装方法相同，外墙止水条与底板止水条交圈封闭。

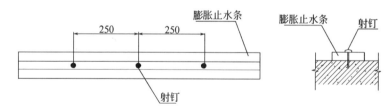

图3 膨胀止水条安装图

为了便于底板后浇带内部清理及止水条的安装，需将后浇带处的底板上层钢筋在适当位置切断，留出人孔，待后浇带封闭时，将切断钢筋焊接补齐。

2.3 施工缝防水施工

由于流水施工要求，在地下室外墙设置了水平及垂直施工缝，施工缝防水措施采用止水条，止水条的安装位置在外排钢筋里侧，注意止水条交圈封闭。水平施工缝共5条，垂直施工缝依流水段设置（见图4）。

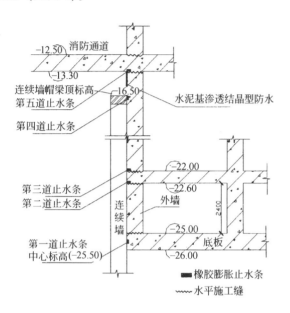

图4 结构外墙防水做法示意图

2.4 外墙外防水施工

在-16.5~13.3m之间的外墙除结构自防水以外，另增加结构外防水，防水材料采用水泥基渗透结晶型防水材料，它是由波特兰水泥、硅砂等多种特殊的活性化学物质组成的灰色粉末状无机材料。它通过与水反应形成不溶性结晶和混凝土结合成整体，达到永久防水、防潮的目的。水泥基渗透结晶型防水材料有浓缩剂和增效剂两种配料，使用时调成糊状分两层涂于混凝土表面。施工时应注意两点：第一，混凝土基面应粗糙、干净，以提供充分的毛细管系统以利于渗透，使防水材料形成的结晶与混凝土表面紧密结合。如混凝土表面有裂缝、蜂窝等缺陷，应进行修凿、清理，并对该部位先涂刷一道防水材料。第二，喷水养护。首先在涂刷防水涂料前，应将混凝土基层表面喷水湿润，为防水材料形成结晶提供良好的环境。防水涂料涂刷完毕后，应立即喷水养护，使表面始终处于潮湿的环境中，以防止涂层过快干燥，造成表面起皮、龟裂，影响防水质量。水泥基渗透结晶型防水施工操作简单，经现场试验防水效果良好。

钢筋绑扎与连接施工技术

1 钢筋工程概述

国家大剧院戏剧院工程为现浇框架-剪力墙结构，抗震设防烈度为 8 度，按近震考虑。工程钢筋总用量约 12500t，±0.00 以下结构钢筋用量约 10500t，占总用量的 71%。钢筋规格 $\phi6 \sim \phi32$（部分为 Ⅲ 级钢）。梁及节点暗柱主筋大多为 $\phi25$、$\phi28$、$\phi32$。由于工程变曲率结构、异型结构的特点，给钢筋工程施工带来很大难度。

2 钢筋的进场及加工

由于该工程地处位置的特殊性，施工可利用场地十分有限，且钢筋用量大，全部在现场加工、存放无法实现。我们决定场外设钢筋加工厂，距现场约 10 公里，加工箍筋、拉钩等小料钢筋，根据现场实际使用需求量由专门运输车随时运至施工现场。螺纹钢筋在现场集中存放、加工。针对此特点，我们采取以下措施严把钢筋进场及加工质量关。

2.1 综合考虑结构的复杂性，钢筋原材长度 9m 和 12m 两种按适当比例提取，以尽量减小钢筋加工损耗。

2.2 钢筋原材进场后，严格按规定履行原材复检制度，同时按复检次数的 30% 进行见证试验，监理单位对见证试件从取样、封样、送样至实验报告进行全过程监督。钢筋待有关原始证件及复试报告、见证试验报告等齐全合格后方可使用。

2.3 钢筋翻样过程中，充分考虑工程变曲率异形结构多，钢筋多为缩尺筋的特点，将 AutoCAD 软件及电子版图纸做为主要工具，对钢筋进行精确翻样，保证下料尺寸准确。

2.4 钢筋直螺纹连接操作人员持证上岗。开工前，由套丝机床及直螺纹套筒的供货单位对加工、施工人员进行集中培训，经理论、实际操作考核后施工操作人员持证上岗，定人定机。厂家在施工过程中进行指导，并设专人常驻现场随时解决技术、机械问题。

2.5 钢筋加工厂设专职技术和质量管理负责人，负责加工、质量培训和重点加工项目的检查与协调工作。

3 钢筋绑扎控制措施

3.1 重点加强钢筋的架设与支撑定位

3.1.1 墙体钢筋定位：墙体钢筋从三个方向进行定位：墙高方向、墙长方向及垂直墙面方向。三个方向的定位筋如图1、图2所示：

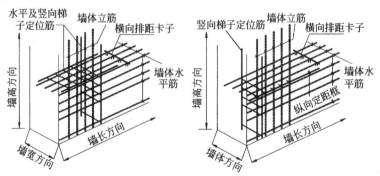

图 1　直线墙钢筋定位示意　　图 2　曲线墙钢筋定位示意

①直线墙体使用水平梯子定位筋和竖向梯子定位筋（设置间隔3m），分别定位墙体立筋与水平筋，横向立筋排距使用横向排距定位卡定位。

②曲线墙体使用纵向定距框和竖向梯子定位筋（设置间隔2m），分别定位墙体立筋与水平筋，横向立筋排距同样使用横向排距定位卡定位。

③在板钢筋施工完毕后，进行墙体位置线的二次放线，在墙体内侧立筋根部增加水平定位筋并与定位筋焊接，避免墙体根部钢筋位移。

3.1.2 板钢筋定位

板钢筋水平间距使用木制排距卡子定位，板上下铁钢筋使用焊接马镫支撑控制，见图3、图4：

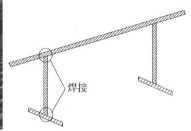

图3 木制排距卡子定位板筋间距　　图4 定位板上下铁用焊接马镫

3.1.3 节点柱钢筋定位

焊接节点定位框，采用内部顶撑节点柱钢筋的定位控制方法，如图5、图6所示。

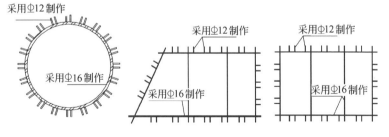

图5 圆柱主筋定位框加工示意　　图6 节点暗柱主筋定位框加工示意

3.1.4 在采用上述定位措施的同时，墙体钢筋在模板上口还附加一道通长水平钢筋对墙体立筋定位，封顶墙体上口在墙立筋拐头下设一道通长钢管，起定位兼控制墙钢筋顶标高的作用；节点柱钢筋在模板上口及楼板上方50mm、200mm、500mm处分别附加三道箍筋进行定位。

3.2 实地量取制作，减少施工误差

墙体节点暗柱形式各异，变化频繁，自下至上大部分节点变化达九次之多。施工过程中要不断地封锚、新插节点钢筋，对此我们要求每层水平结构施工完毕后，翻样人员要对现场节点柱钢筋接头高差超过50mm的，进行实地量取，单独下料。

3.3 对于各类异型节点，利用计算机进行精确放样。

当节点某边为弧形时，同时量出其弧长、弦长和曲率半径，在加工厂放大样或制作模具，以保证加工成型准确。

3.4 为便于工人绑扎操作，实行"节点暗柱挂牌制"。

将每个节点暗柱配筋大样图分别打印出来，制作专用标牌悬挂于节点旁，该项措施大大提高了节点、特别是异形节点钢筋的施工准确性，确保了施工质量。

4 钢筋等强度滚压直螺纹连接

通过对钢筋各种连接方式的比较分析，并结合大剧院戏剧院的工程特点，我们最终确定直径22mm以上的水平及竖向钢筋采用等强度滚压直螺纹钢筋连接。

4.1 钢筋滚压直螺纹连接

钢筋滚压直螺纹连接是利用直螺纹能同时承受轴向力及水平力和密封性、自锁性好的特点，将钢筋端部一次滚压成型为直螺纹，然后用预制的带有内直螺纹的钢套筒进行连接。见图7。钢筋滚压直螺纹连接可连接同径或异径、竖向或水平向钢筋。

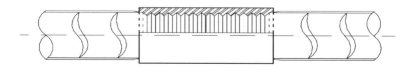

图7 滚压直螺纹接头示意图

滚压直螺纹机床是钢筋滚压直螺纹丝头滚压加工的专用设

备，由机架、夹紧机构、主拖板及一系列附件组成。通过更换滚丝轮可以满足工程中 $\phi22$、$\phi25$、$\phi28$、$\phi32$ 等规格Ⅱ、Ⅲ级钢筋的丝头加工。

根据不同的应用场合，接头可分为以下几种类型（见表1）。

表1

型　　式	使用场合	特性代号
标准型	一般情况下的钢筋连接	B
异径型	用于不同直径的钢筋连接	Y
活连接型	用于钢筋不能转动的钢筋连接	H

4.2　钢筋滚压直螺纹连接操作工艺流程

4.2.1　丝头加工流程

钢筋切断（使用砂轮机）→钢筋、套丝机床操作前检查试车→钢筋滚压套丝→丝头质量自检→合格丝头带帽保护→丝头质量抽检→存放待用

4.2.2　连接施工流程

钢筋、连接套筒就位检查→拧下丝头保护帽和套筒保护盖→接头对接拧紧（使用力矩扳手）→接头自检作标记→施工验收

4.3　钢筋滚压直螺纹连接施工工艺

4.3.1　钢筋连接之前，先回收丝头上的塑料保护帽和套筒端头的塑料密封盖，并检查钢筋规格是否和连接套筒一致，检查螺纹丝扣是否完好无损、清洁。

4.3.2　标准型、异径型、活连接型接头

标准型、异径型接头：先将连接套筒拧到第一根被连接钢筋上，再将第二根被连接钢筋丝头与套筒挂上丝扣，然后用工作扳手加力拧第二根钢筋，使两根钢筋对接顶紧。

活连接型（即正反丝扣型）接头：先对两端钢筋向套筒方向加力，使套筒与两端钢筋丝头挂上扣，然后用工作扳手旋转套筒，使两端丝头到位顶紧。

4.3.3 被连接的两钢筋端面应处于套筒的中间位置，偏差不大于1P（P为螺距），套筒两端外露的丝扣不超过3个完整扣，连接即告完成，随后立即用红油漆标记，并检查钢筋另一端保护帽有无松动或脱落。

4.3.4 直螺纹连接完毕后，应按规定进行接头外观质量检查和接头抗拉强度检验。单向拉伸性能以同一施工条件下、同一批材料的同等级同规格500个接头为一检验批，不足500个也作为一个检验批。对接头的每一验收批，应在被检施工段中随机截取3个试件作单向拉伸试验。同时按检验次数的30%进行见证试验，接头检验合格及相关证明齐全后方可进行下道工序施工。

4.3.5 钢筋滚压直螺纹接头试件现场取样方法：自接头中心向两侧各量取300mm截取，即试件长度600mm。接头试件现场取样后的钢筋连接采用双帮条单面电弧焊，如图8所示。

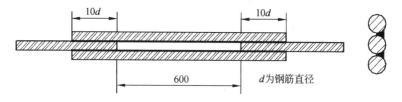

图8 双帮条单面电弧焊法

4.4 钢筋滚压直螺纹接头施工技术要求

4.4.1 用于滚压直螺纹接头连接的钢筋，应符合现行国家标准《钢筋混凝土用热轧带肋钢筋》GB 1499及《钢筋混凝土用余热处理钢筋》GB 13014的要求。

4.4.2 连接套筒材料宜用45号优质碳素结构钢或其他经试验确认符合要求的钢材，其机械性能、化学成分按GB 699标准规定。现场使用连接套筒须有厂家的出厂合格证、材质检验报告及进场复试检验报告。

4.4.3 连接套筒的混凝土保护层宜满足国家现行规范中受力钢筋混凝土保护层最小厚度的要求，且不小于15mm，接头间的横向净距不小于25mm。

4.4.4 凡参加接头施工的操作工人、技术管理和质量管理人员应参加技术规程培训，操作人员（特别是丝头加工人员）应经考核合格后持证上岗。

4.4.5 钢筋应先调直再下料，切口端面应与钢筋轴线垂直，不得有马蹄形或挠曲，宜用砂轮切割机下料，不得用气割或切断机下料。

4.4.6 滚压直螺纹丝头加工完成并经检验合格后，丝头应拧上保护帽，现场待连接丝头亦应戴好保护帽，防止钢筋丝头破损。

4.4.7 被连接的两钢筋端面应处于连接套筒的中间位置，偏差不大于 $1P$（P 为螺距）。两端外露完整丝扣不超过3扣。

4.4.8 受力接头的位置应相互错开。在任一接头中心至长度为钢筋直径35倍的区段范围内，受拉区的受力钢筋接头百分率不宜超过50%，受拉区受力较小的部位和受压区，接头百分率可不受限制。

5 钢筋滚压直螺纹接头技术性能分析

滚压直螺纹接头具有操作简单、连接速度快、钢筋对接性好、不用电、无明火作业、可全天候施工等特点。另外，滚压直螺纹接头质量稳定、安全可靠，质量检验直观方便，滚压直螺纹接头钢筋断面缩减最小，不改变接头处钢筋力学和化学性质，同时，钢筋端头在冷作硬化的作用下，强度得以提高，使接头达到与母材等强的效果，从而使接头满足《钢筋机械连接通用技术规程》JGJ 107—96 中 A 级接头的要求，实现了等强度连接，而且接头还具有优良的抗疲劳性能及抗低温性能。经现场试验证明，滚压直螺纹等强度接头单向拉伸试验试件均断于钢筋母材，见图9。

图9 滚压直螺纹等强度接头单向拉伸试验

6 设备改进与技术革新

施工过程中,国家大剧院工程制定了内部质量验收标准,要求直螺纹连接接头两端外露不得超过1个完整丝扣,发现原钢筋滚压直螺纹机床加工的丝头,加工过程中形成的不完整丝扣以及连接完成后套筒两端外露完整丝扣较多,已达不到国家大剧院工程的内部质量要求。我们分析研究了滚压直螺纹机床的构造及套丝原理,将滚丝头内四个滚丝轮的第一道螺纹由非封闭斜纹改为封闭直纹形式,调整行程限位器刻线精度,从而提高了限位器灵敏度,经过设备改进,直螺纹接头不但基本消除了加工过程中的不完整丝扣,而且连接完成后套筒两端外露完整丝扣普遍达到不超过1扣。我们在对设备进行技术革新的同时,又及时对丝头加工人员进行二次培训,进一步提高了施工人员操作水平,这样,解决了施工问题,更为工程质量提供了强有力保障。

在使用了钢筋直螺纹连接技术的基础上又引进钢筋等强度剥肋滚压直螺纹连接技术,已经在203区进行使用。钢筋等强度剥肋滚压直螺纹连接与钢筋滚压直螺纹连接原理和操作工艺基本相同,钢筋等强度剥肋滚压直螺纹连接是先将钢筋的横肋和纵肋进行剥切处理后,使钢筋滚丝的柱体直径达到同一尺寸,然后再进行螺纹滚压成型。实际使用结果表明,钢筋等强度剥肋滚压直螺纹连接的强度与外观质量完全达标,其突出特点是其丝头加工长度准确且现场易于连接,连接速度较原来提高近一倍,大大提高了工效。

7 经济分析及体会

本工程水平及竖向钢筋连接采用等强度钢筋滚压直螺纹连接共完成 $\phi22$、$\phi25$、$\phi28$、$\phi32$ Ⅱ、Ⅲ级钢筋接头130000个,节约钢筋230t,另外套丝机床由厂家免费提供使用,综合节约成本约50余万元。

直螺纹连接很好地解决了大剧院工程中钢筋连接,保证了工程质量，同时直螺纹连接可在钢筋就位前，在现场作业面外将连接套筒与一根钢筋进行预接，在施工作业面将另一根钢筋插入套筒另一端，按工艺要求连接，从而减少了工作面工作量，提高总体工效。

对于在高层、超高层结构及大型构筑物的结构施工中，应优先选用滚压直螺纹连接，因这种钢筋连接方式操作简单，连接质量有保证，施工不受外界气候影响，尽管接头成本略高一些，综合经济效益比较可观，已成为钢筋连接的首选方式。

在结构复杂、异型构件较多的工程中，计算机的使用使繁琐的工作变为简单，使钢筋放样的准确性得到保证，同时提高了工作效率。

钢管混凝土柱施工技术

钢管混凝土作为一种具有承载力高、塑性韧性好、耐疲劳、耐冲击等优点的新型组合材料，既能降低结构自重又能有效节省建筑空间，同时其施工受季节性影响小，因而在高层、大跨、重载和抗震抗爆的建筑结构中，能很好地满足设计和施工的一系列要求。本文简要介绍钢管混凝土柱在国家大剧院戏剧院工程中的应用。

1 工程概况

国家大剧院戏剧院工程设计采用钢管混凝土柱 25 根。从 -7.08m 至 16.290m 标高分布。-7.08m 至 -0.08m 生根钢管柱 10 根，规格为 $\phi508 \times 12$mm，标高 -0.08m 以上规格全部为 $\phi406 \times 12$mm。钢管柱管材选用 Q345 耐火耐候钢。钢管柱与梁、板交接处采用工字形剪力连接件，梁、板部位钢管柱外壁焊有 $\phi19$ 栓钉，以加强梁、板、柱节点处的锚固。钢管柱对接、钢管柱与柱底板焊接焊缝质量要求为二级焊缝，其余为三级焊缝。在钢管柱壁剪力连接件上下翼板处，为便于梁主筋穿过，均开有 $\phi40$ 圆孔。钢管柱内主筋 $8\phi25$，柱中均浇筑 C60 高强混凝土。

2 特点分析

2.1 设计分层提供图纸，无法统一放样绘制加工图，对加工定货有一定影响，制约工程进度。

2.2 钢管柱基础采取端承式和插入式两种连接方法。

2.3 钢管柱吊装精度要求高，施工工艺复杂，穿插工序多，钢管柱现场对接质量不易控制。外观成品保护要求严格。

2.4 钢管柱与梁连接节点存在"一字"、"丁字"、"十字"多种型式，梁剪力连接件的腹板穿过钢管，梁部分纵筋也穿过钢管，施工难度较大。

2.5 钢管柱内浇筑 C60 高强混凝土施工。

2.6 所有钢管柱连接均采取现场焊接方式，专业要求非常高。

3 施工方案制定

3.1 采用专业加工厂加工成型，现场安装、校正并焊接。

3.2 由于设计分层提供图纸，且钢管柱与梁板连接构造复杂，决定钢管柱分层安装，每层柱由柱体和连接管两部分组成，各部分采用现场内衬坡口焊连接。

3.3 本工程大部分钢管柱为功能大厅内独立柱，柱外表面装修质量要求非常严格，故考虑在不影响结构施工情况下，接头位置设置于梁底和梁或板顶以上 50mm 处，即连接管高为梁底至梁或板上 50mm。

3.4 剪力连接件、$\phi 19 \times 80$mm 栓钉在加工厂加工焊接，钢管柱现场焊接。

3.5 钢管柱内浇筑 C60 高强混凝土施工时逢雨期和冬期，制订相应措施，加强钢管柱的保温和保护。

4 钢管柱焊接加工及运输

图纸下发后，由技术人员进行钢管柱翻样并编制钢管柱材料加工计划，同时对加工提出如下要求：

1. 钢管两端均刻通过圆心的十字线，两端十字线水平投影重合。钢管壁穿腹板的长孔与穿梁筋的圆孔均以十字线连线为基准确定位置和高度。

2. 钢管下料方法：采用氧气乙炔焰下料，钢管下料时严格控制管端截面垂直度；截面垂直度偏差不应大于管外径的 1%，且不得超过 3mm。

3. 加工连接管。普通连接管 $\phi 406 \times (h_b + 50)$ mm；变径

连接管 $\phi 508 \rightarrow \phi 406 \times (h_b + 50)$ mm（h_b 为梁高），见图1。

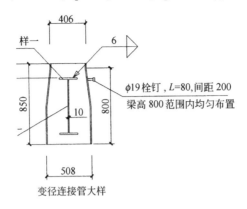

变径连接管大样

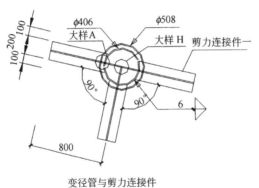

变径管与剪力连接件

图1 变径管加工大样图

4. 钢管柱加工尺寸允许偏差，见表1。

表1

序号	项目	允许偏差
1	钢管柱长度（变径管长度）	±3mm（±2mm）
2	剪力连接件尺寸	±2mm
3	开孔位置	2mm
4	相邻孔的角度	1°

5．钢管柱加工须注意的几个问题：

①钢管柱所开圆孔的方向应顺着梁纵向，不得指着钢管柱的截面圆心；

②栓钉在焊接时应注意梁宽与柱直径的关系，栓钉不得露出梁的侧面。在墙体内生根的钢管柱栓钉在焊接时应顺墙的方向焊接，垂直于墙面方向的钢管表面不焊接栓钉。

③加工单位应在钢管内壁焊吊装所需的吊环、衬管等连接件；

6．所有钢管柱半成品要经过检查验收并对柱壁进行保护后方可出厂。

5 施工工艺

本工程钢管柱与基础采取端承式和插入式两种连接方法，分别应用于钢管柱生根于楼板（梁）及墙体内。端承式直接将钢管插入墙体中，与墙体通过混凝土连接成整体而共同受力，通过底部地脚螺栓和预埋钢板与楼板（梁）连接（见图2）；插入式基础连接施工方法相对较简单。本文主要以端承式基础连接为例简要介绍钢管柱的主要施工工艺流程。

钢管柱基础节施工工艺流程：

在预埋件上弹十字中心线→安装预埋件和地脚螺栓并固定（保护丝扣）→复查并调整预埋件地脚螺栓位置，复核标高→搭设操作钢管脚手架（安全部门检查验收）→钢管柱钢筋绑扎验收→吊装基础节钢管柱就位对中→临时固定→调整平面位置及垂直度→钢管柱脚板与预埋钢板焊接→资料报验→浇筑混凝土

上部钢管柱施工工艺流程：

搭设操作钢管脚手架（安全部门检查验收）→钢管柱钢筋绑扎验收→吊装钢管柱就位对中→临时固定→调整平面位置及垂直度→钢管柱对接焊接→超声波探伤检查→资料报验→浇筑钢管柱混凝土

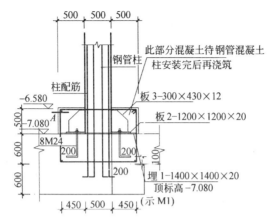

钢管柱柱底连接大样（端承式）

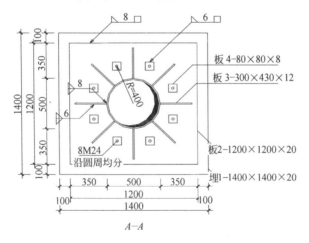

A—A

图2 钢筋柱柱底连接大样

在整个施工工艺过程中，应重点把握以下几点：

1. 地脚螺栓及预埋件安装

①在生根楼板底模上放出钢管柱位置线及其控制线、底座预埋钢板边线及其控制线，用于钢管柱插筋、预埋钢板和地脚螺栓安装控制依据。预埋钢板标高通过楼层标高控制线控制。

②预埋地脚螺栓插放后做临时固定，待与埋件钢板连成整体后同时固定，并确保螺栓竖直，将螺栓底端用 $\phi 6$ 钢筋与板筋点焊固定。外露螺栓丝头用胶带裹严，防止破坏、污染。

2．钢管柱吊装与校正

①在生根楼板预埋钢板上表面放出钢管柱位置线及其南北、东西方向的十字线控制线。同时放出上层"一字"或"丁字"或"十字"梁中心线和边线，用来控制连接节的就位，调整剪力连接件朝向角度。

②塔吊钢索吊在钢管柱吊环上，将钢管柱吊装就位。

③吊装基础节时，调整钢管柱底板方向，将标注的方向与实际方向吻合，将钢管柱缓慢下放，使预埋地脚螺栓穿入钢管柱脚板的8个孔。经初步校正，待垂直度偏差在20mm以内，将螺栓拧紧临时固定，并将钢管柱上口在操作平台处临时固定，方可脱钩。

④钢管柱固定采用方木柱箍及调节托结合，此方法可以使钢管柱固定架与其操作架彻底分开，又可以灵活的调节垂直度（见图3）。

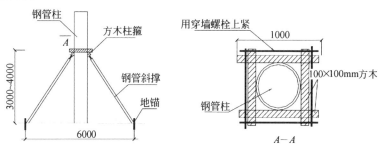

图3 钢管柱加固图

⑤吊装连接节时，方法同上，但要注意保证剪力连接件与相应梁的方向一致，且居梁中。

⑥钢管柱初步就位后，使用全站仪并配合经纬仪、水准仪及大磁力线坠进行三维高效测量定位，从而确定钢管柱水平位置和

垂直度。

3．钢管柱与梁板连接节点处理

钢管柱剪力连接件与结构梁板连接呈"一字"时，腹板先穿过钢管，后进行坡口等强度焊接，Ⅱ级焊缝质量标准。当"十字"或"丁字"形连接时，保证连续梁的腹板贯通，其他方向梁的腹板端头距贯通腹板 10mm，不与腹板焊接。在钢管柱与梁板节点剪力连接件高度范围内，钢管外壁焊 $\phi19\times80$mm 栓钉，加强梁板混凝土与钢管柱的连接。要特别注意梁宽与柱直径的关系，栓钉不得露出梁的侧面（见图4）。

①钢管柱与梁节点

梁纵筋与钢管柱连接原则：梁纵筋无法绕过时，或贯通或锚入钢管柱。

②钢管柱与板节点

板钢筋与钢管柱连接原则：板筋绕过钢管柱或与钢管柱外壁坡口采用铜管托板焊接（此焊接只作外观检查）。

4．钢管柱对接与焊接

钢管柱对接采用内衬坡口焊。焊接位置为垂直固定，焊接方法为电弧焊，焊条牌号 CHE556H。钢管柱对接焊缝质量要求为二级焊缝，需进行超声波探伤检查。

焊接前应做焊接工艺评定。焊接工艺评定合格后，方可按评定合格的焊接工艺报告编制焊接工艺卡，进行立柱的焊接。

当焊接环境出现风速大于 8m/s、湿度大于 90% 和下雨天气时，须采取有效防护措施，否则禁止施焊。

为了防止焊接过程中钢管柱局部受热造成不均匀变形，在对接焊接时采用两人同时对称施焊。其焊接工艺操作中注意：①用直流焊机，极性为反接；②引弧、收弧均应在坡口内进行，熄弧时弧坑应填满，重新引弧时，要在起弧处进行打磨处理。多层焊的层间接头应错开 20~30mm；③应采用较小焊接线能量施焊，焊接线能量控制在 17~19kJ/cm 之间。焊接作业完成后，对焊缝总量的 30% 进行超声波探伤检查，并出具超声波探伤检查报

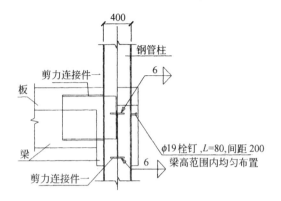

钢管柱与梁板连接大样

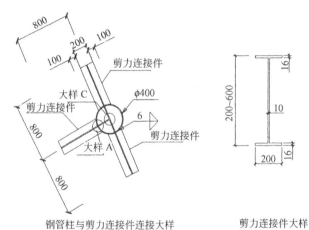

钢管柱与剪力连接件连接大样　　剪力连接件大样

图 4　钢管柱梁板连接处大样图（以丁字节点为例）

告。钢管柱证明材料齐全并经监理验收合格后，方可进行钢管柱混凝土浇筑（见图 5）。

5. C60 高强混凝土施工

详见《高强混凝土施工技术的应用》一文。

6. 钢管柱成品保护

①钢管运输过程中，外表面缠绕麻袋保护。钢管垂直吊装要

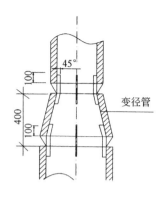 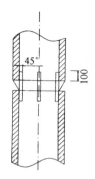

图 5 钢管柱对接焊接图

吊挂钢管内壁吊环；钢管水平吊装选用尼龙绳。

②焊接好的钢管外表面包 40mm 厚聚乙烯阻燃泡沫板，再使用旧木多层板条包裹，并用铅丝束紧，然后用钢管加固固定。一方面混凝土浇灌时防止钢管柱外表面受损，另一方面起到对钢管柱内混凝土保温作用。

③焊接好的钢管上口，用圆木板盖严，防止进杂物；雨天加盖塑料薄膜，防止进雨水。

④钢管柱在浇灌混凝土前应检查钢管柱的保护架是否牢固可靠。钢管柱的操作手架不得同其他行走脚手架和模板架子相连。

6 钢管柱施工技术改进与尝试

因设计分层提供图纸，在图纸不到位情况下，无法统一放样绘制加工图，所以我们决定钢管柱采用分层分节安装连接。这样做的弊端是使穿插工序增多，降低整体工效。

在图纸到位后，为减少工序，我们将钢管柱直管与连接管两部分合二为一，但这样给钢管柱放样以及标高控制精度提出了非常高的要求，这两方面也就成为此项施工的控制重点与难点。

前面已经讲到，梁柱节点处，钢管柱身焊有剪力连接件，同时为满足梁筋贯通而在钢管柱壁开 $\phi 40$ 圆孔，位于上下翼缘板外侧，且在加工厂车间预先成型。由于剪力连接件高度一定，另从不同方向交叉通过同一钢管柱的梁多为两道甚至三道，这些决定了梁截面的调整空间十分有限。在钢管柱放样时，精确计算梁上下纵筋圆孔位置尺寸，而钢管柱的高度则首先计算其理论值，对现场全部柱头标高逐一实测之后进行调整，将误差控制在 5 mm 以内，以保证梁板上下保护层处于规范规定误差范围内。

实践证明，技术改进后，通过实行各项预控措施，施工质量完全达标。这样减少了一道焊缝，也就免去一道吊装、校正、焊接、验收程序，充分保证结构构件整体性的同时，既减少工序，提高整体工效，又降低了综合成本，达到事半功倍的效果。

H型钢劲性柱施工

1 工程概况

戏剧院部分共有 10 根劲性柱，分别为 900mm×900mm 方柱，ϕ1000mm、ϕ700mm 圆柱，H 型钢高度 18.3～21.7m。劲性柱内为 H 型钢构件，H 型钢尺寸为 400mm×400mm，翼缘板厚 40mm，腹板厚 60mm，柱脚封头板 440mm×440mm，开孔 ϕ30mm，ϕ19mm 栓钉，间距 200mm 沿柱通长布置。钢板材质为 Q345B。

根据现场垂直运输设备的吊重能力，H 型钢分为 4 节进行吊装，分节高度 3970～6210mm，接高处位于楼层板面上 1m 处。

2 H型钢加工

（1）放样、号料时预留切割余量及焊接收缩、铣平加工余量。上下翼板及腹板长度方向留 10mm，腹板宽度留 1mm，翼板宽度留 3mm。

（2）组装时采用埋弧焊机进行定位熔透焊，焊缝厚度为 6mm，焊缝长度为 30mm，焊缝质量等级一级。

（3）采用多层对称焊接，焊缝同一部位的返修次数不允许超过两次。如超过两次，须定出返修工艺，严格按工艺进行。

（4）劲性柱 H 型钢加工完成后，其几何尺寸（包括截面高度、宽度、腹板中心偏移、翼缘板厚垂直度、弯曲矢高、腹板局部平整度）允许偏差应满足《钢结构工程施工质量验收规范》GB20205—2001 的规定。

3 H型钢柱安装

3.1 预埋螺栓的埋设

在绑扎底板钢筋的同时，用 $\phi 25@150$ 附加钢筋将预埋螺栓点焊，上下2道将螺栓固定。将焊好的螺栓放在底板下铁钢筋上，将2根螺栓的中心点用线坠吊柱中心点，利用附加钢筋将焊好的螺栓与底板下铁绑牢，如图1所示。

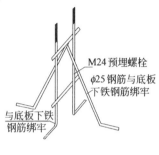

图 1 螺栓加固图

为控制地脚螺栓的偏移，在底板混凝土浇筑过程中，沿垂直方向架设 2 台经纬仪控制地角螺栓的位移，随混凝土浇筑随调整。

板面柱脚封头板范围内应作压光处理，保持接触面平整，其余部位作拉毛处理。

3.2 劲性柱安装

3.2.1 首节 H 型钢柱安装

柱基上垫 4 处 3cm 厚垫板，垫板标高一致，钢柱吊装就位，初步校正，待垂直度偏差在 20mm 以内，将螺栓拧紧临时固定，利用经纬仪 2 个方向校正柱的垂直度和位置，用水准仪校正柱标高，利用梯形楔块进行调整校正，紧固地角螺栓，并将承重钢垫板上下点焊固定，防止走动。劲性柱上部 4 个方向设缆风绳拉接，缆风绳固定于劲性柱栓钉上，最后浇筑环氧聚合物无收缩砂浆。

3.2.2 上部 H 型钢柱安装

上部其他节直接吊装坐于下部节耳板，加夹板固定，按照弹好的上、下节中心线，利用手动葫芦进行标高调整，四角缆风绳进行垂直度调整。

3.3 对接焊接

劲性柱对接采用 CO_2 气体保护焊，坡口跟部可采用手工电弧焊焊接。质量控制要求如下：

（1）焊接环境温度不宜低于5℃，环境湿度不宜高于80%。露天焊接采取防风、雨措施。

（2）组装、焊接前必须把待焊区域及两侧30～50mm范围内的铁锈、氧化皮、油污、水分等去除。

（3）劲性柱对接定位以腹板焊接耳板定位，同时耳板作为引、熄弧板，严禁在母材的非焊接部位引弧。

（4）焊缝返修时，碳弧气刨前应根据该焊缝的焊接预热温度进行预热。

（5）焊缝超声波探伤检验应在焊缝焊完24h后进行。

（6）检查不合格的焊缝，应采取原焊接方法进行返修，若局部不合格可采用手把焊补焊。当用碳弧气刨清除焊接缺陷时，返修焊施焊前必须将被焊部位用砂轮打磨干净，露出金属光泽。返修焊后的焊缝应修磨匀顺，并按原质量要求进行复验。同一部位的焊缝翻修不宜超过2次。

焊接时，翼、腹板根部各打底一道后，交替焊接翼、腹板对接焊缝。同一腹板的对接焊缝坡口两侧要交替施焊。在焊接过程中时刻注意焊接变形，调整焊接次序，以防止型钢柱变形。现场手工施焊时焊接层数无定值，根据国内工程施工经验制定焊接层数（见表1）。

焊接层数经验值　　　　　　　　　　　表1

焊接位置	板厚/mm	坡口每侧焊接层数
腹板	60	6～9层
翼缘板	40	小坡口侧3～6层
		大坡口侧5～8层

3.4 纠偏处理

对于施工过程中产生的H型钢柱偏移情况，必须在上部节安装焊接时进行纠偏。具体方法为：在型钢柱吊装时用不同厚度钢片垫在上下耳板之间作为纠偏依据，待型钢临时焊接固定后取出钢片进行大面焊接。偏位大于1.5mm的型钢柱应分节通过多次进行纠偏,每次不得大于1.5mm;偏位小于1.5mm的型钢柱可在单节内一次纠偏到位。

4 梁、柱节点钢筋处理

劲性钢筋混凝土柱内的型钢与纵向钢筋有矛盾时,处理原则如下:

(1)梁的纵向钢筋与劲性钢筋混凝土柱内的型钢正交时,将型钢腹板开孔 $\phi 40mm$,梁主筋穿过后,洞口焊接封闭。

(2)梁的纵向钢筋与劲性钢筋混凝土柱内的型钢斜交且当梁主筋无法绕过型钢柱翼缘时,采用在型钢柱上加焊小牛腿作法,材质同型钢柱,其翼缘、腹板和拉接板厚度均为20mm。梁主筋焊接在小牛腿翼缘上,分布筋贴型钢柱翼缘锚入柱内。小牛腿的高度和宽度计算原则如下:当(梁宽-70)<型钢柱翼缘宽度时,小牛腿的截面尺寸为:高度 $h = h_1 - 35 \times 2 - (d+3)$;宽度 $W = W_1 - 35 \times 2$。当(梁宽-70)≥型钢柱翼缘宽度时,小牛腿的截面尺寸为:高度 $h = h_1 - 35 \times 2 - (d+3)$;宽度:$W = W_1$。其中 h_1 为梁高,W_1 为梁宽,d 为梁主筋上铁直径(见图2)。

(3)小牛腿、拉结板与型钢柱的焊缝等级为二级,焊缝高度为12mm。

5 混凝土施工

劲性柱混凝土强度等级C40,由于H型钢限制了混凝土的流动,且柱箍筋、拉筋密集,为保证劲性柱混凝土浇筑的质量,采用H型钢四面人工均匀下灰法,$\phi 30mm$ 振捣棒进行振捣,在间隙狭小处采用钢筋钎人工振捣,确保混凝土的密实。

6 施工体会

6.1 埋件定位

H型钢定位的精确控制,首先取决于埋件的定位精确度,故

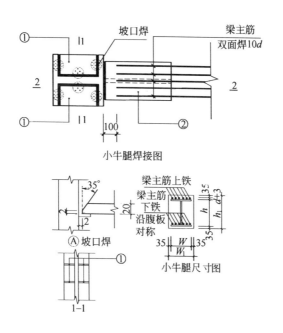

图 2 梁柱节点示意

在底板钢筋绑扎过程中、混凝土浇筑前及混凝土浇筑过程中，均需对埋件的定位进行测量重点控制。

6.2 现场对接焊

根据现场焊接作业自检探伤结果分析来看，缺陷主要产生为：气孔占60%、夹渣占15%、裂纹占25%，需做焊缝返修。造成的原因主要在于焊接环境湿度影响，特别是戏剧院台仓部位Zt-2柱，位于-25.00m处，作业光线较暗，地面积水较多，造成环境湿度大，导致气孔的产生；其次在于柱周围存在影响焊接的钢筋；此外接口处洁净程度也存在一定的影响，故在H型钢吊运组对前必须彻底打磨接口处及其附近30～50mm范围内的铁锈、油污等，露出金属光泽。

6.3 型钢吊装

柱立筋接头质量留置在H型钢接头标高以下，以便于型钢焊接；柱插筋布置时应事先确定好与型钢及牛腿的几何位置关系，适当调整起布置间距，以免立筋影响型钢就位。

6.4 混凝土浇筑

采用玻璃钢圆柱模板，利用混凝土径向均匀侧压力保证圆柱混凝土的成型，加入H型钢后，混凝土侧压力变成径向非均匀，故在混凝土浇筑过程中，应采用人工、分层慢放的方式。

6.5 H型钢牛腿标高定位

由于型钢对接时需要留出间隙便于熔透焊，故单节H型钢加工尺寸应在制订加工图时加以考虑，根据不同焊接工艺确定所留间隙大小，一般控制在5~8mm，牛腿定位高度应根据下节H型钢对接间隙大小作相应降低，以避免梁筋超高。

有粘结预应力梁施工技术

1 工程简介

国家大剧院结构一个主要特点是大空间、大跨度，由于普通钢筋混凝土结构的使用不能满足大跨度结构的受力要求，因此在结构设计中大量使用了预应力钢筋混凝土结构。仅戏剧院就有四处大跨度梁应用了预应力施工技术，现以戏剧院22.70m屋盖预应力混凝土梁为例，介绍预应力技术在大剧院结构工程中的应用。

戏剧院22.70m为主舞台封顶屋盖，由7道跨度19.7m的大梁和300mm厚板组成，其中梁有6道600×1700mm和1道1100×2000mm。混凝土强度C40。设计为有粘结预应力梁，张拉方式为一端张拉，张拉端采用夹片锚，固定端采用挤压锚，由于结构特点，有6道梁的张拉端在北侧，一根梁在南侧张拉。

2 材料性能指标

2.1 本工程预应力筋采用高强低松弛钢绞线 $\phi j15.2$ 钢绞线，主要指标为：抗拉强度标准值 $f_{ptk}=1860MPa$，Ⅱ级松弛，公称直径 $\phi 15.2mm$，其规格和力学性能符合国家标准《预应力混凝土用钢绞线》（GB/T 5224—95）的规定。

2.2 张拉端采用 DZM15 型锚固体系。锚具的锚固性能符合国家标准规定的"Ⅰ"类锚具的要求，锚具的静载锚固系数 $\eta_a \geqslant 0.95$，极限拉力时的总应变 $\varepsilon_{apu} \geqslant 2.0\%$。锚具的疲劳荷载性能，通过试验应力上限取预应力钢材抗拉强度标准值的65%，应力幅度80MPa，循环次数为200万次的疲劳性能试验。同时，满足循环次数为50万次的周期荷载试验。

2.3 预应力筋的孔道采用预埋波纹管成型。波纹管采用冷轧镀锌钢带在卷管机上压波后螺旋咬合而成，其内径为 $\phi70$，钢带厚度为 0.35mm，材料符合 GB 4175.1 和 GB 4174.2 的要求。波纹管的技术性能符合国家标准《预应力混凝土用金属螺旋管》(GB/T 3013—94) 的要求。

3 工程技术要点

从施工技术上来看，本工程预应力施工属于常规的预应力梁施工，但应在施工前重点解决好以下几方面的问题。

1. 张拉端节点：本工程预应力筋张拉端处的钢筋直径大、密度较高，预应力喇叭管、钢筋密集在一起，预应力张拉端设置比较困难，需要采取措施确保预应力张拉端喇叭口和波纹管的位置准确和顺利通过，将上铁锚入支座的钢筋的部分水平锚固；下铁锚入支座的钢筋部分下弯，这样锚固区的钢筋变稀，张拉端喇叭口的安装就变得容易，可加快施工进度。

2. 锚固区节点：本工程所有预应力筋均采用一端张拉一端锚固的布置形式，锚固端挤压锚的布置需要一定的空间，锚固区的普通钢筋必须合理布置，保证挤压锚均匀，前后错开布置，避免锚固区应力集中。

3. 波纹管接头：预应力梁均采用一端张拉，在混凝土浇筑完之后，锚固端挤压锚已经被锚入混凝土中，锚固端预应力筋无法拉动。为避免波纹管出现漏浆现象，波纹管接头的搭接长度必须保证 30cm 长，并用海绵及胶带仔细缠裹。

4. 排气孔设置：为保证灌浆的质量，应在设置灌浆孔和排气孔上采取一定的措施，保证在浇筑混凝土时不出现漏浆现象。具体措施如下：在跨中及支座处（锚固端）各设置一个排气孔，并用海绵及胶带仔细缠裹。露出梁面的排气管端头用胶带仔细缠裹好，防止操作人员将异物放入排气管内造成堵塞影响灌浆质量。

4 预应力施工

4.1 预应力体系布置

铺设施工顺序：现场接波纹管→波纹管定位→铺设波纹管→固定波纹管→安装张拉端喇叭管→穿预应力筋→检查调整→验收

在铺设非预应力钢筋的同时，按照预应力布置图及节点大样图设置和固定预应力筋定位筋。根据施工图纸预应力筋曲线矢高的要求施工，定位架立筋采用 $\phi 10$ 钢筋点焊于梁附加筋上，其高度为波纹管中心线距梁底的高度减去波纹管半径进行设计制作，宽度与梁同宽，波纹管绑扎固定在架立筋上。此时应注意梁筋的拉钩待预应力筋铺放完成之后再进行施工。波纹管铺设时注意波纹管的连接，采用大一号同型螺旋管，接头管的长度为不小于 300mm，接头两端用胶带密封。在波纹管铺设好后，将预应力筋两头一一编号如数穿入波纹管中，防止预应力筋在穿入过程中发生绞扭，要求波纹管定位绑扎牢固，并防止在穿筋过程中将波纹管扎破。穿完预应力筋以后进行固定，固定包括波纹管以及埋设预应力筋张拉端和固定端的预埋件，保证浇筑混凝土时预应力筋不移动错位。

在局部存在普通钢筋与预应力筋冲突的地方，原则上普通钢筋让预应力筋，如果需要断筋必须经设计与监理认可。

波纹管及预应力筋的铺设时应掌握允许偏差的规定，见表1。

表1

序号	项 目	允许偏差（mm）
1	波纹管之间的净距	±10
2	预应力筋水平位置偏差	±100
3	预应力筋竖向位置偏差	±10

张拉端节点与锚固端挤压锚应按构造要求安装，同时保证张拉端、固定端各组件间紧密接触。浇筑混凝土时认真振捣，保证

混凝土的密实。尤其是喇叭口承压板周围的混凝土严禁漏振，不得出现蜂窝或孔洞。振捣时，严禁振捣棒直接碰撞波纹管、架立筋以及端部预埋部件（见图1、图2）。

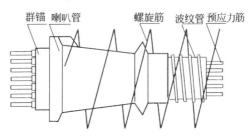

图1 张拉端节点示意图

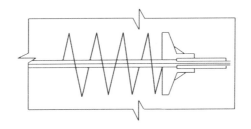

图2 锚固端挤压锚示意图

4.2 预应力筋张拉

4.2.1 张拉流程图

待混凝土强度达到设计强度后，经监理同意，开始进行预应力筋张拉工序。张拉时使构件受力均匀、同步，不产生扭转、侧弯，不产生超应力。张拉工序采用应力和应变双控制，以应力控制为主，用应变进行校核，以保证预应力可靠有效的建立。预应力筋张拉伸长值误差为$-5\% \sim +10\%$。

4.2.2 张拉时应注意以下几点：

①锚具回缩量不大于 5mm。张拉时如发现滑丝、断丝，或其他异常情况，应立即停止张拉，查明原因处理后方可继续张拉。

②张拉过程中，要检查张拉结果，理论伸长值与实测值的误差不得超过施工验收规范允许范围（-5%，+10%）。

③预应力筋张拉前严禁拆除梁下的支撑，待该梁预应力筋全部张拉后方可拆除。

④张拉束预应力筋两端及千斤顶后部不得站人。

4.2.3 张拉工作完成后张拉端处理

张拉后，锚具外露的预应力筋预留不少于 30mm，将多余部分用机械方法切断，后用环氧砂浆密封。

4.3 预应力灌浆

预应力筋张拉后孔道及时灌浆，采用 M40 微膨胀水泥浆，水灰比控制在 0.4～0.45。流动度为 150～200mm，水泥浆 3h 泌水率控制在 2%，最大不得超过 3%。灌浆前先用清水冲洗孔道使孔道保持湿润、洁净，灌浆顺序先灌浆下层孔道，灌浆应缓慢均匀地进行，不得中断，并应排气通顺，在灌满孔道并封闭排气孔后，宜再继续加压至 0.5～0.6MPa，持荷 2min 后再封闭进浆孔截门，待水泥浆凝固后，再拆卸连接接头，及时清理。

每个工班制作净浆试块两组，水泥浆试块用边长为 70.7mm 立方体制作，用做灌浆水泥净浆强度评定。

5 预应力施工验收和技术资料

预应力施工按照《混凝土结构设计规范》（GB 50010—2002）和《混凝土结构工程施工及验收规范》（GB 50204—2002）的有关规定。

依据《北京市建筑安装工程资料管理规程》（DBJ01—51—2000）预应力施工需提供的技术资料

（1）预应力钢绞线材质出厂合格证

(2) 预应力钢绞线进场验收试验报告
(3) 预应力筋张拉机具校验报告
(4) 预应力筋张拉记录
(5) 预应力分项工程质量检验评定表
(6) 预应力孔道压浆记录
(7) 技术交底记录
(8) 设计变更、洽商记录
(9) 隐检记录
(10) 预应力专业施工资质及施工人员上岗证
(11) 企业资质

戏剧院舞台预埋件施工技术

1 工程概况

国家大剧院戏剧院作为舞台戏剧表演的现代化的艺术殿堂,招标采用了当代先进的舞台机械设备,由德国 SBS 公司负责舞台机械设备的安装,土建施工单位负责相关设备相关埋件(德国 Halfen 槽)的预埋,埋件主要分布在 39~46 轴/2D~2F 轴软景库、舞台及乐池梁底和墙面上,具体分布及预埋件大样见图 1 所示。

2 技术标准要求

结合 Halfen 槽的使用功能,设备设计方对埋件的位置、标高、倾斜度、平行度等几个方面提出相应的控制要求(见表 1 所示)。由于安装精度高、埋件形状特别、结构钢筋密集和埋件本身不能焊接,给施工埋件造成很大困难。

埋件质量验收标准　　　　　表 1

项 次	项 目	允许偏差	检验方法
1	位 置	±5mm	全站仪
2	标 高	±5mm	全站仪
3	倾斜度	±0.1%	尺量
4	平行度	±5mm	尺量

3 施工技术方法

为实现埋件的质量标准要求,常规的施工方法无法满足这一

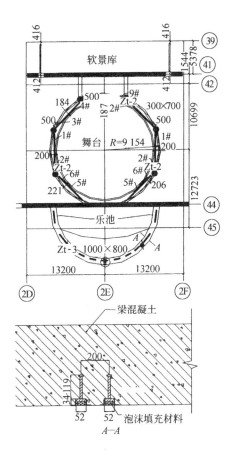

图 1 Halfen 槽埋件主要分布

精度要求,如何具体控制实施,本文将从不同施工部位,分别说明埋件的控制方法。

3.1 板底 Halfen 槽埋件施工

工艺流程:

板支模→测量定位→预埋件初步固定→梁、板下铁钢筋绑扎→预埋件固定→测量复核→梁、板上铁钢筋绑扎→测量复核→混凝土浇筑及养护

在 Halfen 槽埋件施工过程中,我们把测量定位和埋件固定

作为重点控制工序。

①测量定位：测量定位埋件预埋的关键工序，它的准确与否直接关系到其使用功能，因此选用了精度高的测量定位方法。根据埋件自身形状特点，把埋件两端中点作为埋件控制点。首先依据设计图纸计算出控制坐标点，由专业测量人员按照坐标点，利用全站仪在模板面上放出每根预埋件的控制点，并反出埋件边缘位置线，然后进行换点校核。

②埋件固定：Halfen槽埋件上无法焊接、打孔，采用辅助固定方法，即固定安装槽，利用$L30 \times 30 \times 4mm$角钢做为安装固定槽。

采用300mm长度$L30 \times 30 \times 4mm$角钢，沿埋件长度方向间隔1.5m背对放置一组角钢，间距52mm，角钢用螺栓与模板固定，形成固定安装槽，然后将埋件放入槽中，在角钢上口将两侧角钢用短钢筋焊接成整体，每组角钢两处固定。如图2所示。

在固定埋件时采取了两条措施防止埋件移位。第一，为防止埋件接头错位，除按规定布置角钢外，在埋件接头处增加定位角钢。第二，为保证埋件紧贴模板，在角钢上口附加短钢筋将埋件与角钢焊接成整体，防止埋件上下移动。

板面安装的Halfen槽埋件为两根一组，并排作为滑轨道使用。所以在安装时主要控制两根埋件之间的平行度。为此我们在并排的两组角钢之间用短钢筋将其焊接牢固，使之形成整体，从而确保预埋件的间距准确，见图3。

由于埋件厚度为34mm，大于板保护层，经与设计方洽商，将保护层加大到34mm。

3.2 特殊部位埋件安装

在乐池半径8500mm的T14曲线大梁TL20底面安装有双排Halfen槽埋件，梁纵向钢筋及箍筋密集，如图4所示。

此处埋件的安装有如下特点：

①梁断面尺寸大，配筋密集且规格大（主筋$9\phi32$，箍筋斗12@100）。

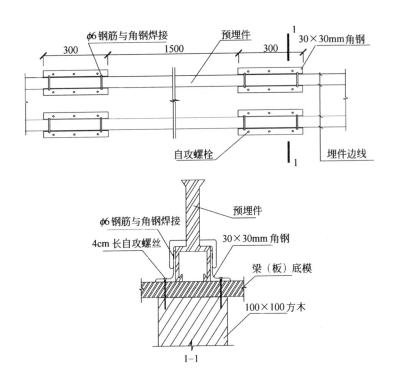

图 2 预埋件固定平面图

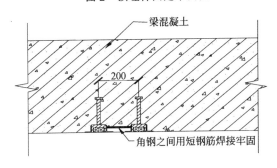

图 3 埋件间距控制图

②劲性柱穿入梁内,造成梁主筋要从劲性柱腹板孔中穿过,对埋件影响很大。

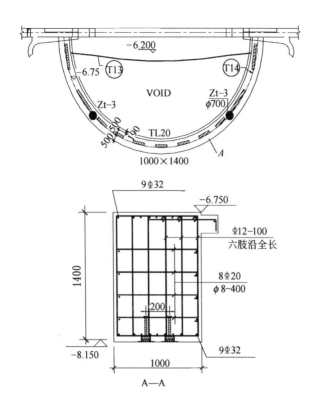

图 4 TL20 弧形大梁埋件示意图

③梁为 R=8500mm 曲线梁,埋件与钢筋呈斜交状态。

④埋件锚栓与主筋及箍筋在平、立面冲突。

⑤钢筋绑扎易造成埋件移位。

针对以上施工特点,我们认为该部位的埋件安装测量控制方法一般,关键在于控制钢筋绑扎与埋件固定的交叉影响,因此除按上述板埋件施工以外,特提出以下控制措施:

①电脑 3D 模拟埋件与梁钢筋的空间关系。

②现场实际研究分析预绑、预埋方法。

③按模拟效果预调整布置劲性柱钢筋位置,以便于成型弧梁钢筋就位。

④严格放样，确定最佳钢筋接头位置，严控曲线钢筋加工成型质量。

⑤与设计进行沟通，调整钢筋保护层 34mm+12mm，并适当调整箍筋间距，避开埋件锚栓。

⑥梁内侧模板先合，外模待梁筋就位，复核后方可合模。

⑦定位角钢加密布置间距调整为 500mm。

⑧增加对撑钢筋，以更好的控制埋件的平行度。并降低钢筋绑扎对埋件位移的影响。

3.3 墙体预埋件施工

工艺流程：

墙体钢筋绑扎完毕→在钢筋网片上固定钢筋定位卡具→在钢筋网片上放出预埋件位置线→按照位置线焊接定位角钢→测量复查角钢位置→将预埋件安装在角钢槽内→用绑扎丝将预埋件绑在墙体立筋上→测量复核→支立模板→混凝土浇筑及养护

墙面预埋件施工过程中，测量定位与埋件固定同样是重点控制工序。但与板面埋件工艺有所区别：

①测量控制主要为标高控制，以结构 50cm 控制线为基准。

②原角钢上口的附加短筋取消。

③采用 55mm 宽木条来控制角钢间距。

此外，墙面预埋件施工与板面埋件施工不同之处，在于控制埋件与模板面平，待拆模后，Halfen 槽暴露于混凝土表面，为此，我们采用增加顶模撑的方法来控制。即墙体模板必须先吊装埋件一侧模板，然后在埋件背部间距 1m 安装"L"形顶模撑，以确保 Halfen 槽埋件紧贴模板。

3.4 成品保护

待用的 Halfen 槽埋件应集中堆放，避免雨淋和暴晒。埋件运到作业面应轻拿轻放，防止埋件变形或碰坏。就位、固定后，禁止其他工序作业人员在其上踩踏。混凝土浇筑时，振捣棒不要碰撞埋件的脚铁。注意做好埋件安装前的成品保护。埋件滑槽内填有泡沫填充材料，不得剔除，如有缺损应用木屑等填充密实胶带密封后再进行安装使用。

3.5 施工效果

戏剧院舞台 Halfen 槽埋件精度要求高，施工环境复杂。我们制定了相应的施工方案，完成了板底、梁底和墙面预埋件的施工。结构施工完以后，经过对埋件位置现场测量，点数统计合格率达到 95% 以上，达到了质量标准要求。